国家级一流本科专业建设成果教材

化学工业出版社"十四五"普通高等教育规划教材

制药工程虚拟仿真
综合实训

陈　宪　主编

高江涛　郑金旺　副主编

化学工业出版社

·北京·

内容简介

《制药工程虚拟仿真综合实训》从高等教育和行业发展的需求出发，专注虚拟仿真技术与制药生产工艺的深度融合，旨在让读者充分了解产业数字化转型的技术要求。

全书概述了虚拟仿真技术的基本概念、发展历程和重要性，全面介绍了虚拟仿真技术在制药工程教学中的应用及其发展前景，并着重介绍了几类主要制药生产过程的虚拟仿真实训。针对化学原料药生产、生物制药、中药提取、药物制剂生产、药品自动化生产等不同类型制药工程综合实训的特点，分别讲解了各类虚拟仿真实训的详细步骤和相关示例，充分展示了各类虚拟仿真软件在制药工程专业教学和综合实训中的具体应用和独特优势。

本书既可作为高等院校药学、制药工程、生物制药等专业本科生和研究生学习计算机仿真技术及实习实训的教材，也可供相关专业的科研、设计、管理及生产人员参考使用。

图书在版编目（CIP）数据

制药工程虚拟仿真综合实训 / 陈宪主编. -- 北京：化学工业出版社，2025.4. -- （国家级一流本科专业建设成果教材）（化学工业出版社"十四五"普通高等教育规划教材）. -- ISBN 978-7-122-47363-9

Ⅰ. TQ46-39

中国国家版本馆 CIP 数据核字第 2025G6T055 号

责任编辑：马泽林　杜进祥　　　　文字编辑：孙璐璐　黄福芝
责任校对：王　静　　　　　　　　装帧设计：刘丽华

出版发行：化学工业出版社
　　　　　（北京市东城区青年湖南街 13 号　邮政编码 100011）
印　　装：北京天宇星印刷厂
787mm×1092mm　1/16　印张 12　字数 276 千字
2025 年 9 月北京第 1 版第 1 次印刷

购书咨询：010-64518888　　　　　售后服务：010-64518899
网　　址：http://www.cip.com.cn
凡购买本书，如有缺损质量问题，本社销售中心负责调换。

定　　价：39.00 元　　　　　　　　版权所有　违者必究

编写人员

主编

陈　宪　福州大学

副主编

高江涛　福建农林大学

郑金旺　东富龙科技集团股份有限公司

参编人员

郑碧远　福州大学

万东华　福州大学

黄剑东　福州大学

辜家芳　福州大学

苏江涛　湖北工业大学

陈苏玲　东富龙科技集团股份有限公司

张　全　东富龙科技集团股份有限公司

刘　超　东富龙科技集团股份有限公司

武杉杉　北京欧倍尔软件技术开发有限公司

孙庆宽　上海馨正信息科技有限公司

王嘉鹏　上海馨正信息科技有限公司

张桥宗　上海宇馨信息科技有限公司

前言

在科技飞速发展的今天，虚拟仿真技术作为一种创新的教学方式，正在高等教育领域迅速普及。制药工程作为一门涵盖药物设计、生产、质量控制和管理的综合性学科，对学生的实践能力和理论知识要求极高。而传统的教学方式往往受到实验设备、实验环境、安全风险等因素的限制，难以充分满足学生全面发展的要求。为了解决这些问题，提高教学质量和效率，笔者编写了《制药工程虚拟仿真综合实训》教材。

本书结合目前主流的制药工程虚拟仿真实训软件，深入探讨虚拟仿真技术在制药工程领域的应用，详细介绍了从化学原料药生产工艺过程到制剂生产工艺过程等不同场景下的制药工程虚拟仿真实训内容。本书共八章。第一章详细介绍了虚拟仿真技术的基本概念和发展，读者可以从中了解虚拟仿真技术在制药工程领域的应用背景及其重要性。第二章着重介绍了虚拟仿真技术在制药工程领域的教学应用，涵盖了实践教学课程的设置、实施、具体案例以及虚拟仿真软件在理论教学中的应用示例，旨在帮助学生更好地理解和应用虚拟仿真技术，从而提高教学效果、提升学生的实践能力。第三章至第八章详细展示了各类制药工程虚拟仿真实训软件的特点和使用方法，通过对化学原料药生产、生物制药、中药提取、药物制剂生产、药品自动化生产等实训示例的深入讲解，使学生能够充分了解和掌握不同类型制药工程虚拟仿真实训的技术要点和操作步骤，学习如何应对可能出现的问题和挑战，从而提高专业技能、提升职业素养。此外，书中配有视频等数字资源，读者可扫码获取。

本书由陈宪主编，负责全书统稿。高江涛、郑金旺担任副主编。具体编写分工为：第一章由黄剑东、辜家芳、高江涛编写，第二章由苏江涛、陈宪编写，第三章由张桥宗、武杉杉编写，第四、第五章由孙庆宽、王嘉鹏、武杉杉编写，第六章由武杉杉、郑碧远编写，第七章由武杉杉、万东华编写；第八章由郑金旺、陈苏玲、张全、刘超编写。

在本书的编写过程中，得到了东富龙科技集团股份有限公司、北京欧倍尔软件技术开发有限公司、上海馨正信息科技有限公司、上海宇馨信息科技有限公司的大力支持，并收到了许多专家学者的宝贵意见和建议，在此表示诚挚的谢意。

作为国内专注于虚拟仿真技术在制药工程领域应用的教材，本书实为抛砖引玉之作，书中难免疏漏，恳请读者批评指正、不吝赐教。

编者

2025 年 5 月

目录

第一章

绪论

一、虚拟仿真技术概述

1. 虚拟仿真技术的基本概念

虚拟仿真技术是一项快速发展的新兴技术，通过构建一种无缝集成不同类型虚拟系统的统一虚拟环境，用户可以在其中操纵这些虚拟系统，实现逼真的仿真体验。用户可以通过视觉、听觉、触觉置身于虚拟世界，并与虚拟环境进行交互。如今，用户可以通过仿真实验的形式，利用虚拟仿真硬件或软件，通过数值计算或求解来操纵系统的行为或程序。因此虚拟仿真技术又称为仿真技术，可以反映现实系统的各种特性，实现对现实系统的分析和仿真。

2. 虚拟仿真技术的分类

虚拟仿真技术的发展历史可以追溯到20世纪中叶，随着计算机硬件和软件技术的进步，逐渐从简单的图形仿真发展到复杂的虚拟现实系统。目前应用最广泛的三维仿真是通过计算机图形学与渲染（computer graphics and rendering）技术将仿真场景呈现在屏幕上。近年来随着现实技术、虚拟环境以及增强方法应用的不断补充和完善，又出现了虚拟现实（virtual reality, VR）技术、增强现实（augmented reality, AR）技术、混合现实（mixed reality, MR）技术和拓展现实（extended reality, XR）技术等。

（1）计算机图形学与渲染技术

计算机图形学与渲染技术是指利用计算机处理能力来生成、操作和呈现图像的技术。这项技术的主要目标是创建具有高度逼真性和艺术效果的图像，以满足各种应用领域的需求，如从电影特效到计算机游戏，再到工程设计和科学可视化。

首先，三维建模（3D建模）是这一领域中的基础之一，它涉及创建虚拟三维对象的过程。通过使用各种建模（包括多边形建模、曲面建模、体素建模等）工具和技术，艺术家和设计师可以构建出从简单的几何体到复杂的角色和场景各种形态的虚拟对象。

其次，光照是计算机图形学中一个至关重要的方面，它决定了场景中物体的视觉表现。通过模拟光的传播和反射，渲染引擎可以计算出物体表面的亮度、颜色和阴影效果，从而使场景看起来更加真实和逼真。

再次，纹理映射是将二维图像（称为纹理）应用到三维对象表面的过程，以增加对象的细节和视觉复杂度。这种技术使得艺术家可以在三维模型上添加各种表面特征，如木头纹理、石头纹理、金属反射等，使物体的外观更富有细节且生动。

最后，渲染算法是将三维场景转换为二维图像的关键步骤。这些算法可以分为实时渲染和离线渲染两类。实时渲染是在屏幕上实时生成图像，适用于游戏和交互式应用。而离线渲染则利用更多的计算资源来生成高质量、高逼真度的图像，适用于电影制作和静态图像渲染等领域。

总的来说，计算机图形学与渲染技术的发展不仅推动了数字媒体和娱乐产业的发展，还在科学研究、医学诊断、工程设计等领域发挥着越来越重要的作用。

（2）虚拟现实技术

随着科学技术的发展和未来信息社会的需要，人们希望建立一个多维化的信息空间来进行视觉、听觉、触觉以及形体、手势的交互，从而获得身临其境的体验。虚拟现实（virtual reality，VR）技术是支撑这个多维信息空间的关键技术。

虚拟现实（VR）技术，又称灵境技术，涉及多媒体计算机技术、传感技术和仿真技术等，是一种通过头戴式显示器或投影系统等设备，将用户置身于虚拟的沉浸式交互环境中的技术。通过这种技术，用户可以体验到沉浸式的感觉，仿佛置身于一个完全虚拟的世界。在虚拟现实环境中，用户可以进行各种交互，如观察、移动、互动等，使得体验更加丰富和真实。为了实现这种体验，虚拟现实技术通常需要特殊的硬件支持，例如传感器、追踪设备等，以确保用户的动作和位置能够被准确地捕捉和反馈到虚拟环境中，实现真实的体验和方便自然的人机交互。虚拟现实技术正在不断发展和完善，被广泛应用于游戏、教育、医疗等领域，为用户带来前所未有的沉浸式体验和互动方式。

交互式和沉浸式是虚拟现实技术最重要的两个特征。根据所倾向的特征不同可将虚拟现实技术分为三个层次。

① 非沉浸式　非沉浸式虚拟现实技术，又称为桌面式 VR 技术，是一种常见于教育或培训领域的虚拟现实技术。在这个层次上，几乎可以模拟任何场景，并且可以消除实际环境中的潜在风险。与其他类型的 VR 技术不同，非沉浸式虚拟现实技术无需依赖特殊硬件或复杂的过程来构建虚拟环境。相反，它直接由个人计算机或中低端工作站生成虚拟环境，并将其显示在计算机屏幕或投影墙上，作为用户观察虚拟环境的窗口。

参与者通过各种输入设备与虚拟现实世界进行交互，这些设备包括鼠标、追踪球、力矩球等。借助这些外部设备，用户能够在虚拟环境中进行各种操作和互动，从而获得更丰富的体验和学习机会。虽然非沉浸式虚拟现实技术不像全息式或完全沉浸式 VR 技术那样让用户完全沉浸于虚拟环境中，但它提供了一个相对轻量级且成本效益高的解决方案，适用于教育、培训、产品设计、医疗保健等不同领域的众多应用场景，例如飞行模拟、工业设备操作培训、产品设计和可视化等。

② 半沉浸式　半沉浸式虚拟现实技术，又称为感官沉浸式虚拟现实技术，是一种利用先进的技术设备，如高档工作站、高性能图形加速卡和交互设备，来提供沉浸式虚拟体验的技术。

这种技术通常采用头盔显示器、三面或六面投影墙等设备，将参与者的视觉、听觉和其他感觉封闭起来，营造出一个全新的、虚拟的感知空间。同时，通过位置追踪器、数据手套、音响设备以及其他手控输入设备，参与者可以产生身临其境、全身心投入和沉浸其中的感觉。

目前，最常见的半沉浸式虚拟现实系统之一是洞穴式自动虚拟环境（CAVE）。在 CAVE 中，用户被投影的图像包围在一个 10m×10m×9m 的立方体中，创造出一种完全沉浸在虚拟环境中的错觉。这种技术已被应用于机器人导航、建筑建模和飞机仿真等领域，这些领域非常关注对真实环境的建模，因为它可以帮助用户在虚拟环境中进行准确的模拟和训练，从而提高效率和安全性。

③ 完全沉浸式 完全沉浸式是虚拟现实技术的核心理念与终极愿景。在这种理念下，虚拟现实技术将人类的大脑直接连接到一个基于当前位置和方向的虚拟世界，完全摒弃了对设备和物理感知的依赖。这意味着感官输入将直接投射到大脑中，使用户能够在虚拟环境中体验到真实世界的感觉，同时，用户的意识也将直接融入这个虚拟世界中，与之融为一体，实现了对现实世界的完全抽离。完全沉浸式虚拟现实技术具有广泛的应用场景，例如虚拟实境体验、虚拟竞技、病情诊断、手术模拟、康复训练等。

（3）增强现实技术

增强现实（AR）技术是虚拟现实技术领域中产生的一个新兴的研究方向。虚拟现实技术强调沉浸感，要求使人的感觉与所处的环境完全互相隔离；增强现实技术属于虚拟现实条件弱化类，允许参与者在看到虚拟环境的同时还能感知所在的真实世界。增强现实技术的终极目标是使参与者无法区分真实和虚拟，置身于一个真实与虚拟相融合的唯一存在的增强境界。增强现实技术具有三大特点，即虚实结合、实时交互和三维配准。虚实结合是利用计算机技术、建模技术和仿真模拟技术将虚拟的对象叠加到真实世界；实时交互是用户通过设备与非固定的虚拟环境进行互动，及时给予用户反馈，实现环境与用户交流，从而拓展用户思维；三维配准则是用户利用追踪技术随意移动、创建、删除和定位虚拟对象。

增强现实技术是在虚拟现实技术的基础上发展起来的一种新的技术，它包括了多传感器融合、三维媒体、3D 建模、实时显示及追踪等新技术。因此，增强现实技术不能代替虚拟现实技术，也不能包括虚拟现实技术，仅仅是对现实场景的一种补充，通过融合虚拟场景和现实场景增强用户的体验。

（4）混合现实技术

混合现实（MR）技术是继虚拟现实、增强现实技术之后出现的新型数字全息影像技术，将现实世界与虚拟世界融合在一起，形成一种新的可视化环境。MR 技术是对 VR 技术、AR 技术的集成应用和提升，通过将真实环境和虚拟环境相融合，使实景与虚景结合，构造用户所需的高临场感多维场景体验。该技术是由多伦多大学教授 Steve Mann 提出的介导现实发展而来的。早在 20 世纪 70～80 年代，为了增强自身视觉效果，让眼睛在任何情况下都能够看到周围环境，Steve Mann 教授设计出可穿戴智能硬件。这被看作是 MR 技术探索的起步。根据 Steve Mann 的理论，智能硬件最后都会从 AR 技术逐步向 MR 技术过渡。

MR 技术的研究在 2010 年中后期才开始取得实质性进展。彼时，硬件制造商开始发布一系列具有混合现实功能的设备，如微软的 HoloLens 设备可以感知真实世界的环境，同时叠加虚拟物体，而不再仅仅是在真实世界中叠加简单的虚拟信息。VR 技术也在发展过程中逐渐形成应用 MR 技术的新趋势。MR 技术设备能够拓展用户视觉空间和想象力，具有沉浸性和交互性，继承了 AR 技术和 VR 技术的影像呈现和人机交互等方面的优势，并进一步加强了现实与虚拟相融合的效果。

如今，MR 辅助系统已被应用于石油化工、日常生产活动与相关教学活动等领域。例如，MR 辅助系统中的设备展示模块，支持通过 MR 设备查看生产设备的三维数字孪生模型，如查看离心泵、换热器、精馏塔等设备的工艺流程、运行状态、内部结构等内容，可以学习设备的工艺原理；在设备监控模块，支持通过 MR 设备随时了解生产各环节的参数指标，完成设备拆装任务，识别指定的设备部件及其相关用途等。

（5）拓展现实技术

拓展现实（XR）技术是虚拟现实（VR）、增强现实（AR）、混合现实（MR）等多种技术的统称。通过计算机技术和可穿戴设备使虚拟和现实融合，实现人机交互。XR 技术具有 VR、AR、MR 技术的所有优点。随着 VR、AR、MR 三种技术的发展，技术之间不断产生交集，单一技术已难以准确描述具体应用的分类。为了更准确地表达，XR 技术这一概念逐渐成为一个概括性术语。该技术能够实现现实空间与虚拟世界的无缝衔接，依靠体验者通过头戴式显示器、虚拟眼镜等各类可穿戴设备，或通过特定的场地搭建，如 3D 屏幕、环绕立体声音响以及体感传感器等设备的方式展现出来。该技术的优势是通过科技给使用者提供逼真的情境，这种情境可以模拟使用者对现实世界的体验，从而使其体验到不一样的现实场景。近年来，XR 技术得到了快速的发展，已被越来越广泛地应用于游戏娱乐、工艺制造、艺术设计等诸多领域。

3. 虚拟仿真实训系统

虚拟仿真实训系统是基于虚拟仿真技术的教学平台，以计算机或终端设备为载体，由教师和学生作为参与者共同构建的一种虚拟、仿真、可交互的实训教学环境。该系统旨在尽可能还原真实场景，让学生在模拟的环境中学习和实践。

虚拟仿真实训系统的优势不仅在于提供实际操作的机会，更重要的是可以在一定程度上避免真实训练中可能出现的潜在危险和伤害。通过模拟的场景和操作，参与者可以在相对安全的环境中学习和训练，不用担心发生意外。

此外，虚拟仿真实训系统还为参与者提供了更广泛的互动空间、学习空间和自主探索的机会。学生可以通过系统进行互动，探索不同的场景和情境，从而提升学习的兴趣和参与度。系统的灵活性和可定制性使得教学内容可以根据学生的需求和学习进度进行调整和优化，从而提高教师的教学质量和学生的学习效果。

4. 虚拟仿真技术的发展趋势

虚拟仿真技术的发展表现出多方面的创新与融合。首先，随着新技术的不断涌现，虚拟仿真技术将在软硬件融合升级方面实现创新突破，特别是人工智能、大数据的应用将显著提升其性能和扩大其应用范围。其次，生物技术、信息技术、工程技术等多学科的紧密融合将推动虚拟仿真技术进一步发展，特别是虚拟现实、增强现实等技术在更多领域的广泛应用，必将带来更多的创新与机遇。最后，展望未来，虚拟仿真技术的发展将更加注重技术标准与规范的制定，加强行业间的合作交流，制定可持续发展的战略与规划。

二、虚拟仿真技术在制药工程学科中的重要性

制药工程是一门综合性学科，涵盖药物设计、生产、质量控制和管理等多个领域，融合了化学、物理、生物等相关学科的知识，其发展历史可追溯到早期的药物制剂和传统医学。随着现代科技的进步，制药工程已逐渐发展成为一门独立的学科，并在现代生物医药领域发

挥着至关重要的作用。制药工程不仅促进新药的研发，还通过优化生产工艺和质量控制流程来确保药物的安全性和有效性。

虚拟仿真技术在制药工程学科中的重要性主要体现在以下几个方面。首先，虚拟仿真技术可以将制药工程相关的理论知识与实际操作紧密结合，使学生能够在虚拟环境中反复练习复杂的操作，从而更好地掌握实际操作技能。与传统教学方式相比，虚拟仿真技术为学生提供了安全的训练环境，增加了实践机会，不仅优化了教学资源，降低了教学成本，而且显著提高了教学质量和效率，有效提高了学生的实践操作能力。此外，虚拟仿真技术还促进了制药领域的科研开发与创新。在药物研发中，虚拟仿真技术发挥着关键作用。研究人员通过模拟药物分子与靶标之间的相互作用，加速研发进程，提高实验的重复性和准确性，从而有效支持创新研究。在药物生产领域，虚拟仿真技术通过模拟生产过程优化工艺参数，提高生产效率和药品质量，降低生产风险和成本，促进生产管理智能化，提高企业管理水平。

总之，随着科技的持续进步和教育数字化转型的加速，虚拟仿真技术与制药工程学科的深度融合正日益凸显其重要性。对虚拟仿真技术的探索和应用，不仅能体现我们对制药工程教育和实践的深刻理解，为制药工程学科带来更加精准高效的教学和研究方法，更有望成为推动制药工程领域未来发展的关键力量。

参考文献

[1] 蔡红霞，胡小梅，俞涛. 虚拟仿真原理与应用[M]. 上海：上海大学出版社，2010.

[2] 陈思骑. 虚拟仿真技术在中职"汽车装配"实训教学中的应用探究[D]. 昆明：云南师范大学，2021.

[3] 张敏. 虚拟仿真实验的设计与教学应用[M]. 北京：高等教育出版社，2021.

[4] 张建武，孔红菊. 虚拟现实技术在实践实训教学中的应用[J]. 电化教育研究，2010(4)：109-112.

[5] Halarnkar P, Shah S, Shah H, et al. A review on virtual reality[J]. International Journal of Computer Science Issues, 2012, 9(6): 325-330.

[6] 彭博. 基于增强现实技术（AR）的变电站动态运维关键技术研究[D]. 昆明：昆明理工大学，2018.

[7] 吴吟. 基于增强现实技术的"AR 情境教学"在中职课堂教学的应用研究[J]. 现代职业教育，2017(17)：1-3.

[8] 张雷. 混合现实（MR）出版的理论与实践探索——以"魔法报刊"为例[J]. 出版广角，2017(24)：31-34.

[9] 周荣庭，杨晓桐，何同亮. 混合现实（MR）科普活动用户的参与和分享意愿研究[J]. 科普研究，2022, 17(3)：7-15.

[10] 陈潇潇. 浅谈混合现实技术的发展趋势[J]. 大众文艺：学术版，2016(15)：1.

[11] 周勇，吴瑕，狄宏林. 混合现实技术在软件界面设计中的应用[J]. 软件，2023, 44(10)：173-175.

[12] 亢生磊. MR 混合现实辅助系统在石油化工中的应用[J]. 化纤与纺织技术，2023, 52(4)：115-117.

[13] 吴安茜，向冰. XR 技术与服装表演空间设计[J]. 西部皮革，2023, 45(23)：127-129.

[14] 李然，娄岩. 拓展现实技术在临床手术中的应用[J]. 南方医科大学学报，2023, 43(1)：128-132.

[15] Pantelidis V S. Reasons to use virtual reality in education and training courses and a model to determine when to use virtual reality[J]. Themes in Science and Technology Education, 2009, 2：59-70.

[16] Haluck R S, Krummel T M. Computers and virtual reality for surgical education in the 21st century[J]. Archives of Surgery, 2000, 135(7): 786-792.

[17] Merchant Z, Goetz E T, Cifuentes L, et al. Effectiveness of virtual reality-based instruction on students' learning outcomes in K-12 and higher education: A meta-analysis[J]. Computers & Education, 2014, 70: 29-40.

[18] Coyne L, Merritt T A, Parmentier B L, et al. The past, present, and future of virtual reality in pharmacy education[J]. American Journal of Pharmaceutical Education, 2019, 83(3): 7456.

[19] Gharib A M, Bindoff I K, Peterson G M, et al. Computer-based simulators in pharmacy practice education: A systematic narrative review[J]. Pharmacy, 2023, 11(1): 8.

第二章

虚拟仿真技术在制药工程领域的教学应用

第一节 虚拟仿真教学课程建设基础

一、虚拟仿真技术在教学中的优势

虚拟仿真技术能在教学中发挥重要作用的原因在于，虚拟仿真教学平台可以通过增强教学效果、提高学生动手能力、节省教学资源、提供灵活性和可访问性等方式极大地丰富学习体验。首先，该技术使学生能够通过互动和参与直观地理解复杂的概念。例如，在药物制剂课程中，学生可以通过虚拟实验室模拟药物的配方设计和制备过程。其次，虚拟仿真技术可以为学生提供安全的学习环境。以药物合成为例，学生可以利用虚拟仿真技术反复观摩并掌握一些关键或高危反应的反应原理，同时还减少了反应物料的消耗、设备的损耗以及教学和维护的成本等。虚拟仿真技术还不受时间和空间的限制，学生可以通过线上虚拟仿真平台随时随地反复学习与互动，直至熟练掌握相关知识点。此外，虚拟仿真技术还能为学生提供个性化的学习体验，可以根据学生的学习进度和需求调整教学内容和难度，从而确保每个学生都能获得适合自己的学习路径。

二、虚拟仿真教学平台的建设与实施

虚拟仿真教学平台的建设与实施须综合考虑多个关键因素。首先，平台建设应遵循易用性、交互性、沉浸性、可扩展性和可维护性等基本原则。易用性要求平台具有简洁直观的界面设计，使学生能够轻松上手；交互性和沉浸性强调平台应提供高度交互的学习体验，使学生能够以沉浸式的方式参与学习；可扩展性和可维护性确保平台可灵活扩展、易于维护，足以支持未来的功能升级和内容扩展。虚拟仿真教学平台的软硬件配置也至关重要，通常包括高性能计算机、虚拟现实设备（如头戴式显示器）、触摸屏或操纵杆等硬件，以及虚拟仿真软件、开发工具、数据库系统等软件，使学生可以通过头戴式显示器进行沉浸式学习，并通过触摸屏与虚拟环境进行交互。另外，虚拟仿真教学平台的管理维护也不容忽视，通常会涉及日常管理、数据备份与恢复、系统更新与升级等。管理员须定期检查平台的运行状态，及时解决故障，保证平台的正常运行。例如，应定期备份学生的学习数据，防止丢失；在软件

更新时进行系统升级，不断优化平台功能等。

三、虚拟仿真实验教学课程目标设置

从卓越工程人才培养的整体布局出发，开展虚拟仿真实验教学课程建设。对标工程能力培养要求，对虚拟仿真实验教学课程目标进行设置，并付诸教学实施（如表 2-1 所示）。

表 2-1　基于工程能力培养的课程目标设置及教学实施

工程能力考核项目	课程目标设置及教学实施
工程理念	创建教学视频资源，对课程背景、目的、意义进行全方位介绍；将相关学习资源布局在课程网站上；虚拟仿真课程整体设计体现工程性。通过学生自学、交流研讨，达成培养目标
专业能力	设计具有高阶性、创新性和挑战度的实验交互步骤，在操作中提升学生解决复杂工程问题的能力；设计基于实际场景的问题，强化学生对专业知识和工程问题的理解
工程创新能力	在实验中设计创新性操作环节，即实验方案不唯一，实验路径不唯一，实验结果不唯一。学生可以设计、制订多种实现路径，在方案制订过程中使工程创新实践能力获得提升
工程伦理意识	在实验交互步骤中嵌入工程伦理知识，并单独设置工程伦理学习模块、EHS[环境（environment）、健康（health）、安全（safety）的简称]模块等，在交互操作、视频学习中强化工程伦理意识
协作沟通能力	课程设置专门的互动交流群，任课教师设计一些与课程相关及拓展的问题与学生共同探讨，树立学生的工程理念，在交流互动中实现课程对学生协作沟通能力的培养
系统思维能力	课程设计要体现实验育人的系统性，知识、能力、素养要全面体现，注重科学问题设置的开放化、多元化，强调工程全局观
工程实践能力	在交互操作中提升学生的工程实践能力，虚拟仿真实验教学课程的有效交互步骤应不少于 10 步，且尽量使每一个知识点有 3~5 个交互步骤作为知识传递的支持载体，实现对学生工程实践能力的培养
使命担当意识	注重课程知识体系的创新性和前沿性，将最新的学科领域前沿动态提供给学生，激发学习热情，培养学生迎难而上、挑战学科领域高峰的使命担当

教学过程中，以课程目标为导向，具体实施中以培养学生车间工艺设计能力、质量管理能力、设备选型和操作能力、工艺设计与创新意识、生产过程中的安全意识、环保意识、健康意识为教学目标。以相关教学规章制度为依据，保障教学环节按照规范有序的教学路径实施，以实现预期的育人效果。

四、虚拟仿真实验教学课程教学评价与考核

对虚拟仿真实验教学课程教学效果进行评价，首先应对课程本身进行评价和判定。只有符合该类课程建设初衷和人才培养需求的高质量虚拟仿真实验教学课程，对其应用效果进行评价才有实际意义。在总结教学应用经验的基础上，归纳了图 2-1 所示的评价流程图。

虚拟仿真实验教学课程教学效果评价

1. 是否来自线下实验教学存在的"真"问题

2. 是否有建设的必要性，是否满足"能实不虚"的原则

3. 是否具备高阶性、创新性和挑战度

是

1. 系统操作是否流畅

2. 是否无需下载大量插件

3. 进入学习的准备时间相对于学习时间，是否可以忽略不计

4. 学习资源在网站上的设置页面是否清晰明了，易于使用

5. 学习资源是否系统全面

是

1. 学习者是否有线下实验之外的收获

2. 对标课程目标，学习者是否已经实现

3. 学习者是否全面掌握课程知识体系

4. 学习者是否主动按照教学要求完成了学习

5. 学习者是否突破时空之感，获得视野和创新思维的拓展

6. 学习者是否对课程承载的知识、能力、素养达到良好的掌握程度

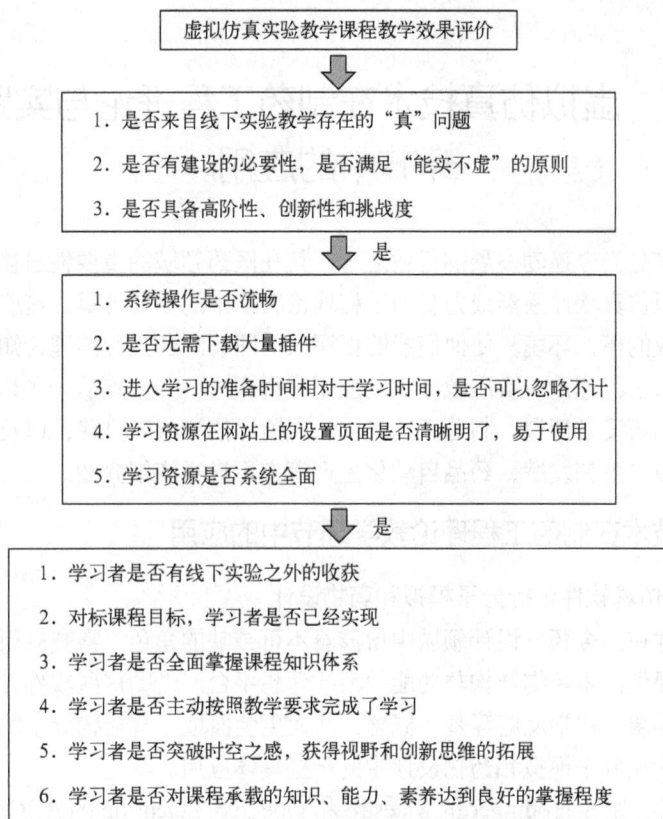

图 2-1　虚拟仿真实验教学课程教学效果评价流程图

评价学生工程实践能力培养的效果，可以通过对课程的评价环节设计来实现。对标工程能力考核要求，对过程考核进行设计，并制定相应的评价标准，如表 2-2 所示。

表 2-2　基于工程能力培养制定的考核评价标准

工程能力考核项目	过程考核设计及评价标准
工程理念	学习线上视频资料的时长、习题回答的正确率、实验报告中关于课程背景和意义的阐述是否清楚等
专业能力	在实验交互步骤中体现，实验操作的时长、操作是否正确、实验过程中回答弹题的正确率、报告中有关专业问题及工程问题论证的深度和广度
工程创新能力	实验方案设计的不唯一性是体现工程创新能力的重要环节。学习者提供方案的科学性、可行性及灵活性，是对工程实践创新能力考核的重要参考点
工程伦理意识	重点通过实验设计方案、实验报告内容进行考查
协作沟通能力	从学生在交流互动中的表现，与团队成员、同学及任课教师的沟通顺畅程度、语言表达是否得体、措辞是否科学严谨等角度进行考查
系统思维能力	从方案设计到报告完成，要体现学习者的工程全局观，要有整体意识、系统思维
工程实践能力	通过实验交互步骤的数量、程度、操作的正确性，以及操作过程中回答操作步骤弹题或习题模块题目的正确率进行考核
使命担当意识	从实验设计理念及实验报告对未来展望的阐述，考查学生对学科专业及研究领域的使命与担当

第二节　虚拟仿真技术在制药工程理论与实践教学环节中的应用

制药工程领域是当今蓬勃发展的行业之一，其在医药领域的重要性日益凸显。随着科技的不断进步，虚拟仿真软件逐渐成为制药工程理论教学中的重要工具。这些软件为学生提供了一个安全、高效的模拟环境，使他们能够更深入地理解制药工程的理论知识。本节将就虚拟仿真软件在制药工程理论与实践教学中的应用进行探讨，并分别从分子模拟和药物设计、生物过程模拟、制药设备模拟、制药工艺优化、风险评估和故障排除，以及化学原料药、药物制剂、中药提取、生物发酵、药品自动化生产等方面进行详细介绍。

一、虚拟仿真技术在制药工程理论教学环节中的应用

1．利用虚拟仿真软件进行分子模拟和药物设计

虚拟仿真软件在当今药物设计领域中扮演着不可或缺的角色，常被应用于分子模拟和药物设计，为学生提供探索药物结构与功能关系的理想平台。借助这些软件，学生可以深入研究分子结构、化学键、化学反应等基本概念，从而更全面地了解药物分子的特性和行为。以下是虚拟仿真软件在分子模拟和药物设计中的一些具体应用。

虚拟仿真软件，如 Schrödinger 的 Maestro 和 OpenEye Scientific 的 ROCS，为学生进行分子对接和虚拟筛选提供了强大的工具。借助这些软件，学生可以在计算机上构建药物分子的三维结构，模拟其与靶受体的相互作用。通过分析药物分子与受体的结合模式，学生可以评估药物的结合能力和选择性，为药物设计和优化提供重要参考。学生还可以调整分子结构和化学键的配置，探索不同药物分子之间的相互作用模式，并评估其生物活性和药理特性。通过这种虚拟实验，学生在实验室外获得了宝贵的实践经验，培养了科研创新能力。

虚拟仿真软件还可以提供多样化的药物设计平台，让学生从多个角度探索药物分子的结构和性能。例如，这些软件通常包含各种药物分子的数据库和化学信息。学生可以通过分析和挖掘这些数据来发现新的药物候选化合物并预测其在体内的药理活性和药代动力学特性。因此，学生可以深入了解药物分子结构与功能之间的关系，加速新药的发现和开发，推动药物设计领域的不断进步和发展。

2．利用虚拟仿真软件进行生物过程模拟

在制药工程领域，生物过程模拟是虚拟仿真软件一个重要的应用方向。制药工程涉及许多生物过程，例如发酵和细胞培养，这些过程对于药物生产至关重要。通过虚拟仿真软件，学生可以模拟这些生物过程，深入了解不同参数对生产过程的影响，掌握优化生产过程的方法。

例如，利用 Dynochem Biologics 或 Comsol Multiphysics 等软件，学生可以模拟发酵过程中微生物生长和产物生成的动态变化。这些软件提供了强大的数值计算功能，可以模拟复杂的生物反应动力学，并考虑各种因素对生物过程的影响。学生可以通过调节温度和 pH 值等参数来模拟不同条件下生物过程的变化趋势，并分析这些参数对产品产量和质量的影响；还

可以通过模拟实验确定最佳发酵条件，提高产品的产量和质量；或通过分析不同微生物菌株在不同条件下的生长情况，选出最适宜生产的菌株。

生物过程模拟还能帮助学生预测生产过程中可能出现的问题，并提前制订解决方案。例如，通过模拟实验发现，在某一温度下，微生物生长速度过快，导致产品失活，学生就可以据此及时调整温控策略，避免该问题发生。总之，这些模拟软件不仅能使学生更直观地了解生物过程中各因素的相互作用，深刻理解生物过程的基本原理，还能掌握优化生产过程的方法，从而为实际生产提供理论指导。

二、虚拟仿真技术在制药工程实践教学环节中的应用

虚拟仿真实验教学课程应用主要有四种形式，即作为独立实验开展线上教学、作为线上资源用于混合式教学、作为线下实验课程内容的拓展和补充、作为线下实验的时空补充。无论以哪种形式应用于实际教学，良好的课程质量都是发挥其育人优势的前提和保障。

1. 利用虚拟仿真软件进行制药设备模拟

制药工程领域的理论教学对培养学生的实践技能至关重要，而制药设备模拟则是实现这一目标的关键手段之一。通过虚拟仿真软件，学生可以模拟各种制药设备的操作过程，包括设备装料、加热、搅拌等步骤。这种模拟不仅有助于学生熟悉设备操作流程，掌握设备的安全注意事项，还能让他们在安全的环境中深入探究设备的操作原理等。

以 Labster 等虚拟实验室软件为例，学生可以通过计算机模拟反应釜操作，例如装填反应釜、调节温度、控制压力等。软件可提供实时反馈和指导，帮助学生正确理解和执行每一步操作，并深刻体会安全操作的重要性。此外，利用 SolidWorks 或 Autodesk Inventor 等 3D 建模软件，学生还可以设计和模拟制药设备的结构和工作原理。

通过这些软件，学生可以从设计阶段就深入了解制药设备的原理、构造和功能，包括机械零件如何组装、传动系统如何工作等。通过这一设计和仿真过程，不仅可以加深学生对设备运行的理解，还可以培养其工程设计和创新能力，为将来的实际操作打下坚实的基础。

2. 利用虚拟仿真软件进行制药工艺优化

在制药工程领域，工艺优化是提高生产效率和产品质量的关键环节之一。通过虚拟仿真软件的应用，学生可以模拟整个制药工艺流程，充分了解各环节的操作，并做出相应的优化。这种模拟不仅能提高学生对工艺的理解，还能培养学生的工程实践能力和创新思维。

例如，利用 Aspen HYSYS 或 UniSim Design 等工艺仿真软件，学生可以建立制药工艺模型，模拟不同操作条件下的生产过程。通过调节温度、压力、流量等参数，学生可以观察不同工艺条件下产品的产量、纯度等指标，并评估其经济性和环境友好性。工艺仿真软件还可以帮助学生分析工艺中可能出现的问题，比如在某种操作条件下产品纯度不达标，学生就可以提前制定解决方案或者通过调节反应条件、添加助剂等方法解决。

通过这些模拟，学生可以深入了解操作条件对工艺的影响，探索优化工艺参数的潜在方法，有效降低实际生产中出现问题的风险。如此不仅有助于学生更好地理解制药过程的复杂性，还可以提升解决问题的能力。

3. 利用虚拟仿真软件进行风险评估和故障排除

制药过程中的风险评估与故障排除是保证制药生产过程稳定、安全的关键环节。通过虚拟仿真软件，学生可以模拟不同生产条件下制药生产线的运行过程，分析可能出现的各种情

况，如操作失误、设备故障或化学品泄漏等，并评估这些因素对生产过程的影响。学生还可以通过模拟制药过程，识别和评估潜在的安全风险，并制订相应的应对策略，如制订应急计划、加强设备维护、实施风险防控措施等，以降低事故发生的概率。

除了风险评估，故障排除也是制药工程的重要组成部分。利用 Labster 等虚拟实验室软件，学生可以模拟设备故障的发生和处理，学习如何快速准确地识别设备故障的原因并采取相应的应急措施，如识别异常信号，利用相关工具进行技术诊断和修复故障等。

风险评估与故障排除的模拟在制药工程教学中具有重要意义，使学生可以在实际生产前熟悉可能出现的风险和故障，并学习如何处理和解决这些问题，从而有效提高学生应对突发事件的能力，为实际生产中的风险管控提供坚实的理论支持和技术保障。

4. 化学原料药生产虚拟仿真实验

（1）实验教学目标

① 熟悉原料药的合成原理及生产条件和要素（试剂、溶剂、反应温度与反应时间等）；

② 熟悉原料药生产的标准操作规程、岗位设置与职责、生产记录内容与要求；

③ 熟悉原料药合成设备的种类与原理、操作条件与控制方法、选型要求与故障排查；

④ 熟悉原料药合成车间布置原则与设计要求，掌握"精烘包"车间的管理要求。

（2）知识点（节）

① 原料药的理化性质（以阿司匹林、缬沙坦、青霉素为代表）；

② 原料药的生产工艺流程（以阿司匹林、缬沙坦为代表）或发酵工艺流程（以青霉素为代表）；

③ 原料药的合成设备（反应釜、发酵罐）的种类与安全操作条件；

④ 原料药生产的正常开车、事故演练。

（3）教学要求

① 掌握原料药生产工艺及正常开停车和故障分析（以阿司匹林、缬沙坦、青霉素为代表）；

② 能够对原料药生产过程中事故发生的原因进行判断和处理（以阿司匹林、缬沙坦、青霉素为代表）；

③ 培养环保意识和质量意识。

（4）教学举例

略（以阿司匹林原料药生产为例）。

5. 固体制剂生产虚拟仿真实验

（1）实验教学目标

① 熟悉不同剂型固体制剂的生产流程、工序设置的异同及包装特点；

② 熟悉不同剂型固体制剂的设备选型，以及设备的基本结构、工作原理、操作规程与工艺参数；

③ 熟悉药品生产质量管理规范（GMP）条件下的生产岗位设置与职责、生产记录内容与要求；

④ 熟悉洁净生产车间的布置要求与洁净区分区。

（2）知识点（节）

① 药物制剂（非无菌制剂）GMP 的相关知识（以片剂、胶囊为口服固体制剂代表）；

② 固体制剂的生产工艺流程（粉碎、制粒、干燥、混合、成型等工序）；

③ 固体制剂的生产设备（压片机、胶囊填充机等）的种类与安全操作条件；

④ 口服固体制剂生产的正常开车、事故演练。

（3）教学要求

① 掌握药物制剂（非无菌制剂）GMP 下固体制剂的生产工艺及正常开停车；

② 能够对药品生产过程的质量要求进行判断和处理；

③ 培养环保意识、质量意识和经济意识。

（4）教学举例

略（以阿司匹林片剂生产为例）。

6. 冻干粉针剂生产虚拟仿真实验

（1）实验教学目标

① 熟悉注射用冻干粉针剂的剂型与包装特点、生产流程与工序；

② 熟悉冻干机等生产设备的基本结构、工作原理、操作规程与工艺参数；

③ 熟悉 GMP 条件下的生产岗位设置与职责、生产记录内容与要求；

④ 熟悉无菌制剂生产车间的布置要求、洁净区分区与划分依据。

（2）知识点（节）

① 药物制剂（无菌制剂）GMP 的相关知识（以冻干粉针剂为代表）；

② 冻干粉针剂的生产工艺流程（配液、灌装、除菌、冻干等工序）；

③ 冻干粉针剂的生产设备（灌装机、冻干机等）的种类与安全操作条件；

④ 冻干粉针剂生产的正常开车、事故演练。

（3）教学要求

① 掌握药物制剂（无菌制剂）GMP 下注射剂的生产工艺及正常开停车；

② 能够对药品生产过程的质量要求进行判断和处理；

③ 培养环保意识、质量意识和经济意识。

（4）教学举例

以注射用细辛脑冻干粉针剂生产为例

"注射用细辛脑冻干粉针剂的生产"是由湖北工业大学制药工程专业建设的虚拟仿真实验课程，并于 2017 年申报，且获批国家首批"示范性虚拟仿真实验教学项目"，2020 年被认定为虚拟仿真实验教学课程"国家级一流本科课程"。课程针对注射用冻干粉针剂药品生产中环境无菌要求高、设备复杂等特殊性和教学中实习实训少的情况，以注射用细辛脑冻干粉针剂生产流程为主线，通过全三维仿真高度沉浸交互式学习以及在线考试，让学生掌握注射用冻干粉针剂生产工艺流程的设计原则及方法、设备安装及连接、设备工作原理、相关质量监控指标及测试方法，以及 GMP 中相关知识点，理解药品生产风险防控理念及措施，强化"质量源于设计"的理念。

仿真实验课程的基本内容包括：厂区全局布置（包含厂区内各基础设施、卫生绿化 GMP 知识点、风向考虑、"三废"处理模型、厂区消防安全布置、人/物流分布等）；车间设备和生产线等环境。实验教学系统包括：工程设计、厂区漫游、设备仿真、工艺仿真、生产操作、车间验证、在线考试。

实验教学目标实现路径如下。

① 熟悉无菌制剂生产车间布置要求、洁净区分区与划分依据。

本课程提供了生产车间的沙盘展示（图2-2）与工艺流程（图2-3）模块；并提供了注射用细辛脑冻干粉针剂的工艺流程图和工艺描述文档电子书；教学过程中可结合GMP内容，进行无菌制剂生产车间布置要求的讲授，学生在自主上机时完成在线考试中相关内容的试题。

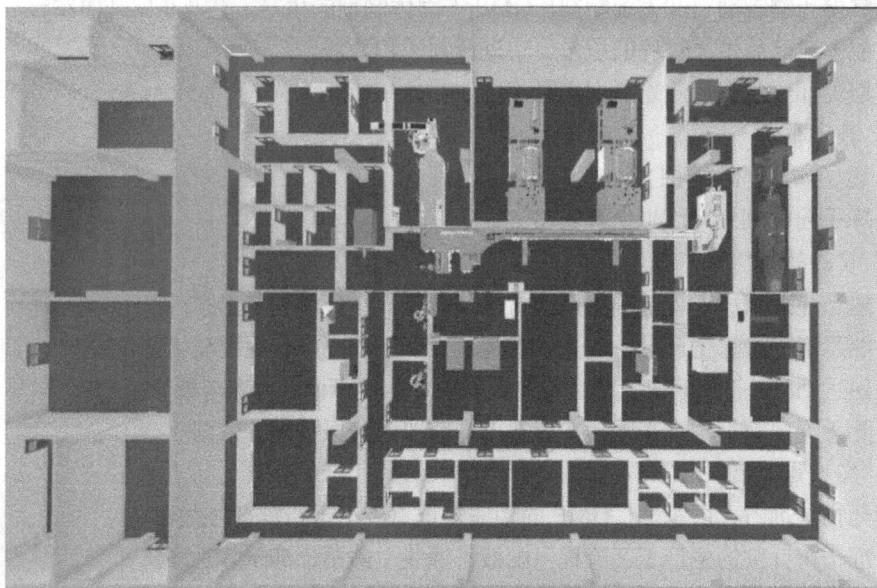

图2-2   生产车间沙盘展示

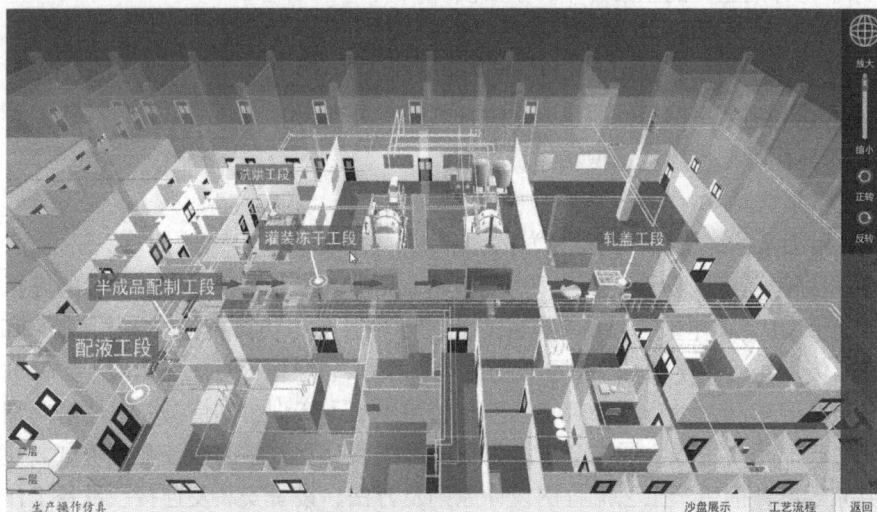

图2-3   车间工艺平面布置

教学模式：讲授/案例/上机实践；成绩权重：10%。

课后思考题举例：在本药品生产车间中，哪些C级或D级房间与B级房间相邻？这样设计的优势在哪里？

② 熟悉注射用冻干粉针剂的剂型与包装特点、生产流程与工序。

本课程提供了胶塞清洗、洗烘瓶、配液、灌装冻干、轧盖和灯检外包六个独立工段，学生可以分别进入各场景进行生产操作（图 2-4、图 2-5），在沉浸式体验生产环境的同时，直观地观察相应生产设备的布置。教学过程中可结合生产工艺规程，进行冻干制剂的生产与设备操作。本课程还提供了单独的设备构造图与学习模块，学生在自主上机时可进行设备拆卸与组装练习，并完成在线考试中相关内容的试题。

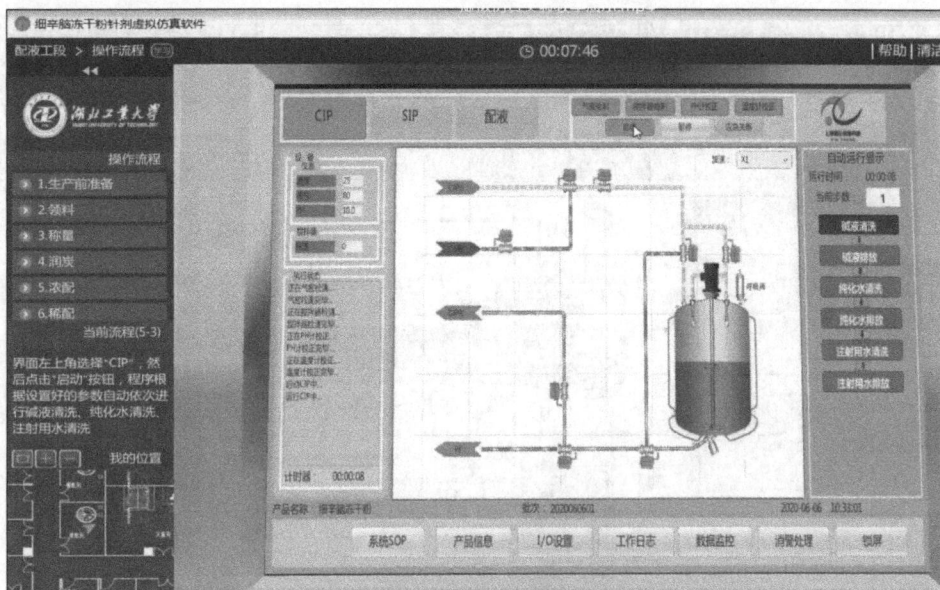

图 2-4　参数设置

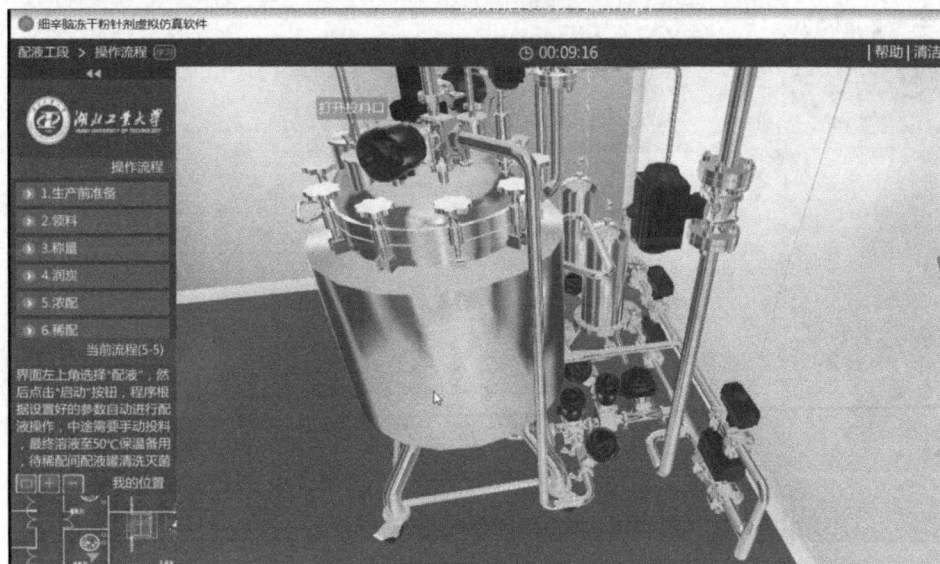

图 2-5　配液

教学模式：讲授/案例/上机实践；成绩权重：30%。

课后思考题举例：在配液生产工序中，如何依次实现投料、在线清洗和在线灭菌操作？

③ 熟悉冻干机等生产设备的基本结构、工作原理、操作规程与工艺参数。

本课程提供了生产主要设备冻干机的可编程逻辑控制器（programmable logic controller,

PLC）操作仿真（图 2-6），能够通过界面操作规程控制冻干机的启动、调试和运行。在运行阶段，通过冻干曲线（图 2-7）和压力曲线变化，了解冻干全过程的工艺参数设置与运行。教学过程中可结合冻干机的构造和原理，以及冻干机主机和辅机的车间布置，进行针对性课堂提问；学生在自主上机时可完成在线考试中相关内容的试题。

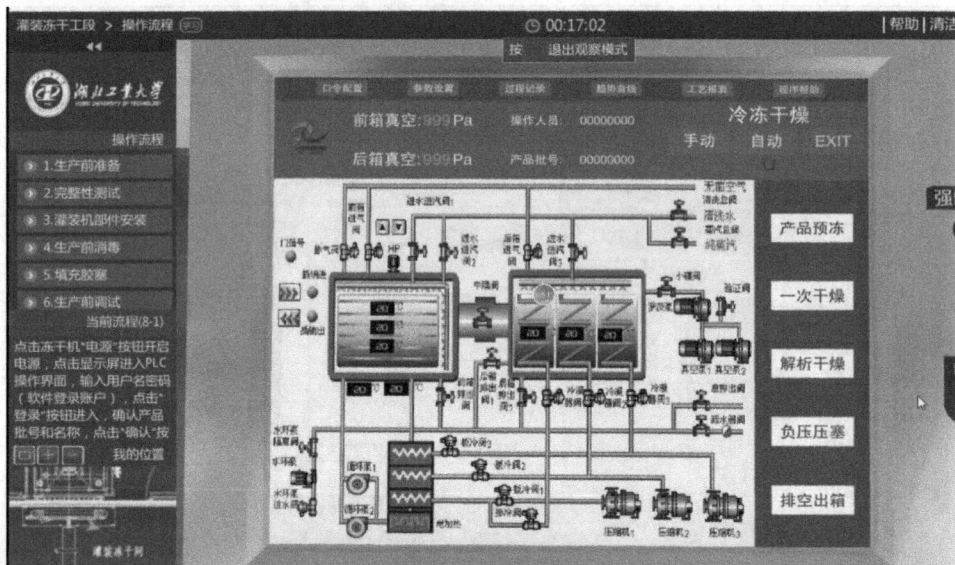

图 2-6　冷冻干燥

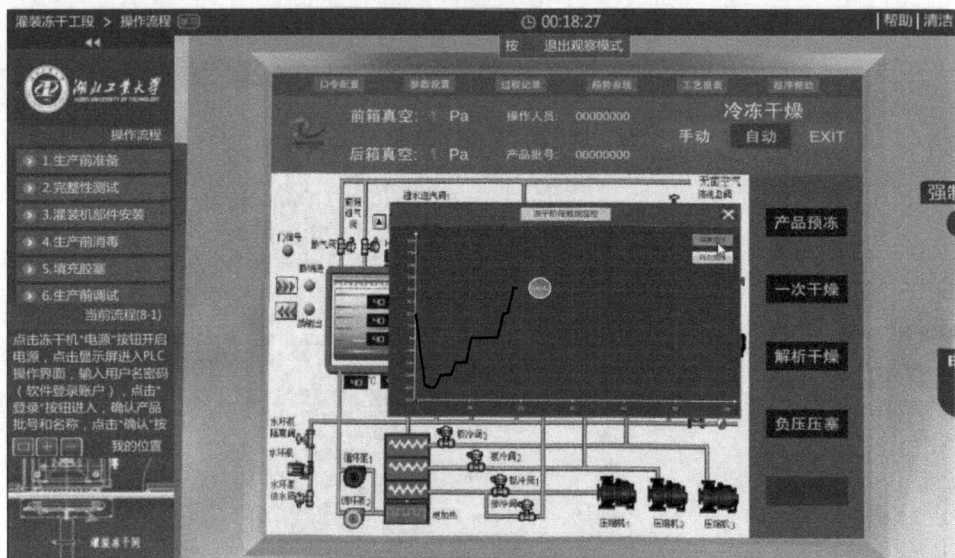

图 2-7　冻干曲线

教学模式：讲授/案例/上机实践；成绩权重：30%。

课后思考题举例：在冻干生产工序中，压力曲线变化的依据是什么？

④ 熟悉 GMP 条件下的生产岗位设置与职责、生产记录内容与要求（图 2-8，图 2-9）。

本课程提供了 GMP 条件下生产岗位职责与生产记录管理操作仿真（图 2-8，图 2-9），能够通过与生产质量保证（quality assurance，QA）和质量控制（quality control，QC）交流，填写生产记录，完成交接。通过生产记录的填写，理解生产记录的内容与GMP。教学过程中可结合GMP内容，进行文件分类与记录填写规范的讲授，学生在自主上机时完成在线考试中相关内容的试题。

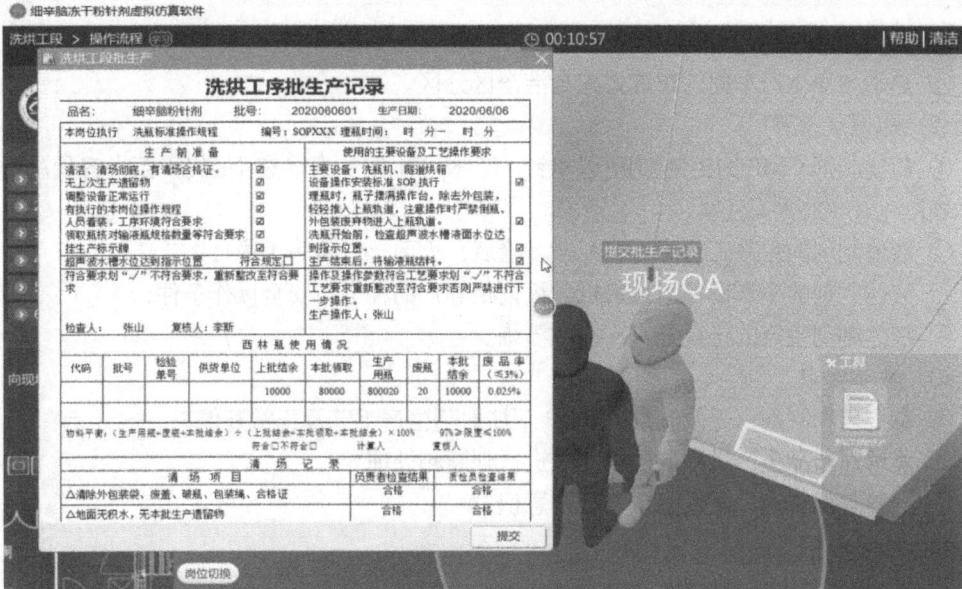

图2-8　批生产记录

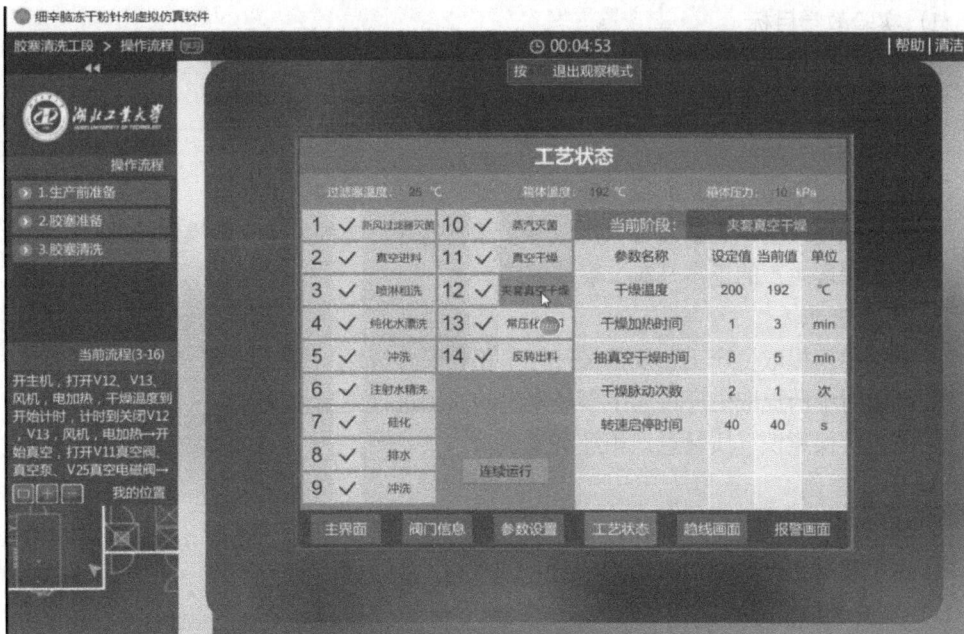

图2-9　工艺状态

教学模式：讲授/案例/上机实践；成绩权重：30%。

课后思考题举例：在每个工序的批生产记录中，如何体现关键工艺参数的设置和复核？

7. 液体制剂生产虚拟仿真实验

（1）实验教学目标

① 熟悉液体制剂的处方工艺与物料特性，并以此确定生产流程与工序；

② 熟悉液体制剂的生产设备选型，以及设备的基本结构、工作原理、操作规程与工艺参数；

③ 熟悉 GMP 条件下的生产岗位设置与职责、生产记录内容与要求；

④ 熟悉洁净生产车间的布置要求与洁净区分区。

（2）知识点（节）

① 药物制剂 GMP 的相关知识[以水针（液体注射剂）、大输液（最终灭菌大容量注射剂）为代表]；

② 液体制剂的生产工艺流程（配液、灌装、灭菌、包装等工序）；

③ 液体制剂的生产设备（灌装机、灭菌柜等）的种类与安全操作条件；

④ 液体制剂生产的正常开车、事故演练。

（3）教学要求

① 掌握药物制剂（无菌制剂）GMP 下注射剂生产工艺及正常开停车；

② 能够对药品生产过程的质量要求进行判断和处理；

③ 培养环保意识、质量意识和经济意识。

（4）教学举例

略（以葡萄糖大输液生产为例）。

8. 中药提取生产虚拟仿真实验

（1）实验教学目标

① 熟悉中药提取工艺原理与生产流程；

② 熟悉提取罐等生产设备的基本结构、工作原理与操作规程。

（2）知识点（节）

① 中药的提取生产工艺流程（提取、过滤、浓缩、成型等工序）；

② 中药的提取生产工艺设备（提取罐、蒸发器等）的种类与安全操作条件；

③ 中药提取生产的正常开车、事故演练。

（3）教学要求

① 掌握中药提取生产工艺及正常开停车和故障分析；

② 能够对中药提取生产过程中事故发生的原因进行判断和处理；

③ 培养环保意识、质量意识和经济意识。

（4）教学举例

略（以金银花提取生产为例）。

9. 生物发酵生产虚拟仿真实验

（1）实验教学目标

① 熟悉生物药的生产流程，掌握生物发酵和分离生产工艺与流程；

② 熟悉发酵罐、超滤机等生产设备的结构、工作原理与操作规程。

（2）知识点（节）

① 生物发酵生产工艺流程（发酵、分离等工序）；

② 生物发酵生产工艺设备（发酵罐、过滤器等）的种类与安全操作条件；

③ 生物发酵生产的正常开车、事故演练。

（3）教学要求

① 掌握生物发酵生产工艺及正常开停车和故障分析；

② 能够对生物发酵生产过程中事故发生的原因进行判断和处理；

③ 培养环保意识、质量意识和经济意识。

（4）教学举例

略（以重组人干扰素生产为例）。

10. 药品自动化生产虚拟仿真实验

（1）实验教学目标

① 熟悉自动化技术运用的设备选型，以及工作原理、操作规程与工艺参数；

② 熟悉自动化技术在不同药品生产环节中的替代与优劣分析。

（2）知识点（节）

① 自动化控制技术运用的生产工序（灌装、灯检等工序）；

② 自动化控制技术运用的设备工作原理和工艺参数确认。

（3）教学要求

掌握自动化控制技术运用的优势分析。

（4）教学举例

略（以注射用泮托拉唑钠生产为例）。

第三节　虚拟仿真技术在制药工程教学中的挑战与发展方向

一、虚拟仿真技术在制药工程教学中的挑战

虚拟仿真技术在制药工程教学中的应用面临技术和教学的双重挑战。其中，技术挑战主要来自虚拟仿真所需的硬件和软件，VR 设备、高性能计算机等硬件设备的购置和维护成本都较高，虚拟仿真软件的开发和更新则需要大量的人力和资源投入。教学挑战则主要涉及师资队伍的培养和学生对虚拟仿真教学模式的接受程度和适应性，教师需要掌握虚拟仿真技术的使用和教学技巧，学生则需要适应这种新的教学模式和节奏。针对这些挑战，可以通过一系列措施来有效提升学生的学习体验和参与度，如加强教师培训，提高教师的技术水平和教学能力；降低软件开发成本、建立健全的技术支持和维护体系；设计互动性强且具有趣味性的教学内容等。

二、虚拟仿真技术在制药工程教学中的发展方向

虚拟仿真技术在制药工程教学中的发展方向主要体现在技术进步、教学方式创新和跨学科合作等三个方面。随着人工智能、大数据等新技术的引入，虚拟仿真技术将更加智能化、

个性化，从而在制药工程教学中得到更加广泛的应用。虚拟仿真技术还将有力促进教学方式的创新。未来，互动式、沉浸式教学将成为主流，学生将在虚拟仿真教学平台上获得更深入更有效的学习体验。虚拟仿真技术的未来也离不开跨学科合作和资源共享，制药工程、化学工程、生物医学工程等不同学科可以通过共享虚拟仿真平台和教学资源，开展跨学科的虚拟仿真教学和研究，从而提高各类教学资源的利用效率和教学效果。

　　总而言之，随着虚拟仿真技术的快速发展以及在制药工程教学中的应用推广，虚拟仿真软件不仅可以帮助学生更好地掌握复杂的制药工程原理，还可以培养学生的创新思维和解决问题的能力。在本书后面的章节中将系统地介绍几类制药工程虚拟仿真实训软件的教学应用，内容涵盖化学原料药生产、生物制药、中药提取、药物制剂等。通过对这些实训软件的详细讲解，希望能够提供有价值的参考，帮助读者更好地运用这些先进的工具，提高制药工程教学与实训的质量和效果。

参考文献

[1] 刘金库，葛云晓，黄婕，等. 虚拟仿真实验教学课：数字赋能工程能力培养的新模式[J]. 高等工程教育研究，2023(3)：85-88.

[2] 游瑞云，林政，郑永标，等. 制药工程实验虚拟仿真与 SPOC 教改实践[J]. 实验室科学，2022(6)：143-146.

第三章

化学原料药生产虚拟仿真实训

第一节 阿司匹林生产虚拟仿真实训

一、产品概述

阿司匹林[aspirin，2-（乙酰氧基）苯甲酸，又名乙酰水杨酸]是一种白色结晶或结晶性粉末，无臭或微带醋酸臭，微溶于水，易溶于乙醇，可溶于乙醚、氯仿，水溶液呈酸性。本品为水杨酸的衍生物，近百年的临床应用证明其对缓解轻度或中度疼痛（如牙痛、头痛、神经痛、肌肉酸痛及痛经）效果较好，亦用于感冒、流感等发热疾病的退热，风湿病的治疗等。近年来发现阿司匹林对血小板聚集有抑制作用，能阻止血栓形成，临床上用于预防短暂性脑缺血发作、心肌梗死、人工心脏瓣膜和静脉瘘或其他手术后血栓的形成。

二、工艺流程简介

1．生产概况

按阿司匹林合成通用工艺，合格原辅料经物净、气闸进入车间，经备料、酰化反应、结晶离心、干燥、混合内包、外包等工序得到原料药（过程中嵌入母液回收、水解等工序），检验合格后作为成品原料药入库待出厂或进入后续制剂工序。

2．工艺原理

（1）设计产能及所需物料量

根据设计输入需求，需年产100t阿司匹林原料药；

结晶离心的收率为90%，干燥收率为98%，混合收率为99%，则酰化反应生成的阿司匹林粗品量为：

100t/a÷90%÷98%÷99%=114.5t/a

考虑酰化反应生成目标物质的转化率为70%，则根据化学方程式（图3-1）可列出物料量计算过程。

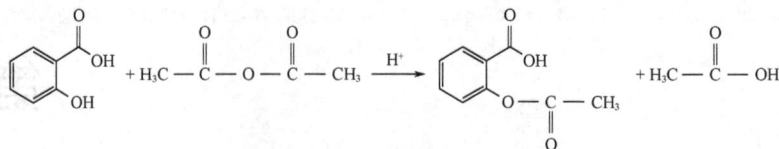

图 3-1 阿司匹林酰化反应方程式

物质名称：水杨酸（邻羟基苯甲酸）　　乙酸酐　　乙酰水杨酸　　乙酸（醋酸）

分子量：　　　138.12　　　　　　　102.09　　　180.16　　　　60

年投料量：

水杨酸　　114.5t/a÷180.16÷70%×138.12=125.4t/a

乙酸酐　　114.5t/a÷180.16÷70%×102.09=92.7t/a

（2）反应批次

考虑设备检修及厂房维护，按年工作日 300 天，阿司匹林按 2 天一个批次生产，即年均反应 150 批。

（3）酰化反应设备选型

按年反应 150 批计算，则酰化反应每次投料量：

水杨酸　　125.4t/a÷150 批/a=836kg/批

水杨酸密度为 1.376kg/L，因此水杨酸投料体积：

836kg/批÷1.376kg/L=608L/批

乙酸酐　　92.7t/a÷150 批/a=618kg/批

乙酸酐密度为 1.073kg/L，因此乙酸酐投料体积：

618kg/批÷1.073kg/L=576L/批

另外投料加入母液约 250L/批

合计体积：608L/批+576L/批+250L/批=1434L/批

因此应选择 2000L 工作体积的酰化反应罐。因为 2 天一批生产较紧凑，为保证产能，备用一台 2000L 工作体积的酰化反应罐。

3. 工艺流程框图

阿司匹林生产工艺流程衔接如下：备料→酰化反应→结晶离心→干燥→混合内包→外包；母液回收、水解。阿司匹林生产工艺流程框图可扫码获取。

阿司匹林生产工艺
流程框图

三、生产工艺操作虚拟仿真

1. 备料工段

具体操作如下。

（1）生产前检查（原辅料）

① 检查区域卫生，清洁垫板、地面等物料放置区域；

② 向原料暂存间负责人移交原辅料领料单。

（2）水杨酸备料

① 清理物料表面，然后逐批次进行拆包；

② 粘贴物料合格证，然后送至称量&备料间待用，并附带检验报告单；

③ 用电子秤称取 30kg 水杨酸待用；

④ 将称量后剩余的水杨酸退回原料暂存间，由暂存间负责人核对物料，并办理签收手续。

（3）乙酸酐备料

通知液体原料罐区工作人员，开启乙酸酐出料泵。

2. 酰化反应工段

具体操作如下。

（1）生产前原辅料检查

① 检查当批所用原料检验报告单是否齐全且合格；

② 检查水杨酸的质量、外观，物料不合格不得使用。

（2）生产前设备检查

① 检查酰化反应罐搅拌器是否正常；

② 检查酰化反应罐内是否有物料；

③ 检查各阀门开关是否正常；

④ 检查蒸汽压力是否≥0.4MPa。

（3）高位罐进料

分别打开乙酸酐高位罐的排空阀、氮封阀、乙酸酐进料阀，向 1000L 乙酸酐高位罐 T1101 中加入一定量的乙酸酐，当乙酸酐高位罐 T1101 的液位计达到 80%～85%时，关闭乙酸酐进料阀，停止进料，同时排空阀、氮封阀继续保持开启状态。

（4）酰化反应罐进料

① 打开酰化反应罐的气升管阀门、气液分离器排空阀，然后打开 3 公斤（约 0.3MPa）氮气阀，排空反应罐内的空气，氮气置换完毕后，关闭 3 公斤氮气阀，打开氮封阀。

② 打开酰化反应罐的乙酸酐进料阀，向酰化反应罐内加入约 576L 的乙酸酐，当乙酸酐进料量达到工艺规程规定的量后，关闭乙酸酐进料阀；然后打开母液阀门，向反应罐内加入约 250L 回收套用的母液。

③ 打开反应罐的人孔盖，向釜内依次投入约 836kg 的水杨酸固体，投料过程中开启釜旁边的万向定位抽气罩，防止粉尘扩散，投料完毕后关闭人孔盖。

（5）酰化反应

① 依次打开冷凝器的循环冷却水回水阀门、进水阀门，然后打开回流管路阀门；

② 开启搅拌器，然后依次打开酰化反应罐夹套冷凝水排放阀组和蒸汽管路阀门，反应釜开始蒸汽加热，调整蒸汽管路阀门的开度将反应釜内物料在一定时间内升温至75℃，并保温反应 6h，在反应过程中会有反应釜和冷凝器之间的蒸馏、回流；

③ 在反应罐内取样，将样品交给现场 QA，待检验部门检验合格后方可结束反应，进行出料操作；

④ 反应结束后依次关闭夹套蒸汽管路阀门和冷凝水排放阀组，打开夹套循环冷却水回水阀门和进水阀门，开启循环水降温，将釜内温度降至 40℃左右，降温完毕后依次关闭气升管阀门，回流管路阀门，冷凝器的循环冷却水进水阀门、回水阀门，同时关闭氮封阀；

备料工段操作视频

⑤ 等待下一工序（结晶）的操作工准备完毕后，依次打开反应釜的出料阀门、钛棒过滤器的进出料阀门，再开启反应釜 3 公斤氮气阀，将酰化反应罐内的酰化液转移至结晶釜，打料完毕后依次关闭 3 公斤氮气阀、反应釜的出料阀门、钛棒过滤器的进出料阀门、酰化反应罐夹套循环冷却水进水阀门和回水阀门，然后等待下一批物料的反应。

酰化反应工段 PID 可扫码获取。

3. 结晶离心工段

具体操作如下。

（1）生产前检查

① 确认场地清洁；

② 确认设备清洁；

③ 确认滤布、滤网安装到位；

④ 检查结晶釜搅拌器是否正常；

⑤ 检查结晶釜内是否有物料；

⑥ 检查各阀门开关是否正常。

（2）结晶

① 打开结晶釜排空阀，然后打开 3 公斤氮气阀，向釜内通入 3 公斤氮气，排空釜内的空气，氮气置换完毕后关闭 3 公斤氮气阀，打开氮封阀；

② 置换完成后，依次打开结晶釜夹套的冷冻盐水回水阀门和进水阀门，对反应釜进行降温；

③ 打开精密过滤器进出阀和结晶釜的进料阀，接收来自酰化反应工序的物料，进料完毕后关闭结晶釜进料阀、精密过滤器进出阀；

④ 开启搅拌器，使酰化液在结晶釜内保持 25℃ 的温度下结晶。

（3）离心

① 打开离心机气液分离罐的排空阀，同时打开母液缓冲罐进料阀、排空阀、氮封进气阀、出料阀；打开母液输送泵的进料阀门、出料阀门。

② 开启结晶釜放料阀，然后前往离心机电器柜点击"电源"按钮，再点击"高速"按钮，启动高速离心。在离心过程中会不断有母液甩出，母液被收集在母液缓冲罐内，母液缓冲罐的液位与母液输送泵联锁，当母液缓冲罐的液位达到一定数值时，母液输送泵的压缩空气进气阀门将自动开启，母液输送泵开始启动将母液缓冲罐内的母液输送至母液接收罐中，离心母液进入下一个工序。

③ 在离心机卸料口下方放置洁净不锈钢桶，然后前往离心机电器柜点击"停止"按钮，待离心机停止转动后，点击"卸料"按钮进行卸料，将湿品送至中间体暂存间等待干燥，然后回到结晶、离心间关闭结晶釜氮封阀、排空阀，结晶釜夹套冷冻盐水进水阀门和出水阀门，结晶釜放料阀；关闭离心机气液分离罐的排空阀；关闭母液缓冲罐氮封进气阀、排空阀、进料阀、出料阀；关闭母液输送泵的进料阀门、出料阀门。

结晶离心工段 PID 与操作视频可扫码获取。

酰化反应工段 PID

酰化反应工段 操作视频

结晶离心工段 PID

结晶离心工段 操作视频

4．干燥工段

具体操作如下。

（1）生产前检查

① 检查设备是否洁净、机器部件是否安装完好；

② 检查压缩空气是否供应正常；

③ 前往中间体暂存间，检查投料的物料是否齐全，数量、品名、批号是否与生产指令相符，外观是否合格，然后领取物料。

（2）干燥

① 接通 PLC 控制器电源，打开压缩空气阀，调节气体压力（0.5～0.6MPa）；

② 将待干燥湿颗粒通过提升加料机投入料车内，然后将料车推入箱体，待料车就位正确后，方可推入充气开关，上下气囊中进入 0.1～0.15MPa 压缩空气，使料车上下处于密封状态；

③ 通过 PLC 控制面板设定进风温度为 80℃（先按 3s "设定键"，然后按 "加、减数键" 到所需温度，最后再按 3s "设定键" 即可完成温度设定）；

④ 在 PLC 控制面板上按 "引风机键"，启动引风机；

⑤ 待引风机启动后，在 PLC 控制面板上按 "搅拌键"，开启搅拌，干燥开始，进风温度通过自动控制系统慢慢上升到设定温度左右，待出风温度上升到 60℃左右时，物料即将干燥；

⑥ 取样检测颗粒水分是否达到要求；

⑦ 颗粒干燥程度达到要求后，按 "冷风门键"，用洁净的冷空气冷却物料数分钟；

⑧ 按 "引风机键"，使引风机和搅拌同时停止（电气联锁），按 "升降键"，推拉捕集袋升降气缸数次，使袋上的积料抖入料车；然后拉出充气开关，待气囊密封圈放气复原后方可将料车拉出；

⑨ 关闭 PLC 控制器电源以及压缩空气阀。

（3）物料周转

将干燥物料进行目数筛查，如若批次不合格则送至水解岗位水解成水杨酸重复利用，批次合格则送至中间体暂存间，贴上物料周转标签。

干燥工段 PID 可扫码获取。

干燥工段 PID

干燥工段操作视频

5．混合内包工段

具体操作如下。

（1）混合前检查

① 检查现场清场情况（场地是否清洁、料斗混合机中是否有残留物料等）；

② 前往中间体暂存间，检查需要混批的物料是否齐全，数量、品名、批号是否与生产指令相符，外观是否合格，然后领取物料。

（2）混合

① 开启料斗混合机电源，然后按 "上升" 按钮，再按 "混合" 按钮（设备运转后人员、物品要在安全线以外），试运行 5min 后停机，按 "下降" 按钮将料斗降至地面；

② 打开料斗盖子，将不同批次的合格颗粒分别倒入料斗内，然后关闭盖子；

③ 按"上升"按钮，再按"混合"按钮（设备运转后人员、物品要在安全线以外），物料混合 20min 后停机，按"下降"按钮将料斗降至地面。

（3）物料转移

将混合好的阿司匹林产品转交至内包间进行分装包装。

（4）内包前准备

① 检查清场合格证副本，确认合格证有效期，并将其附入批包装指令；

② 前往内包材暂存间，根据批包装指令及领料单领取内包材。

（5）内包

① 将设备控制面板上的电源开关打开（红色的电源指示灯亮），然后在控制面板上按"加热"开关，设备开始加热升温，根据包材特性设置温度 180℃；

② 将聚乙烯（PE）包装膜安装至颗粒包装机；

③ 通过提升加料机将阿司匹林颗粒倒入颗粒包装机料桶内；

④ 控制面板上按"切刀"开关，打开切刀离合器，切刀开始工作，按"下料"开关，打开设备下料离合器，设备开始下料包装；

⑤ 将内包成品经传递窗转移至外包间进行外包。

（6）包装后

① 在颗粒包装机控制面板上依次关闭"加热""下料""切刀"开关，然后关闭设备电源；

② 包装完毕，核对包材使用数、剩余数及不良数之和是否为包材领用数，现场 QA 对其复核并签字确认（如若有不良包材，由车间专人计数并在 QA 监督下销毁，填写包材销毁记录）；

③ 将剩余包材整理、退库。

混合内包工段 PID 可扫码获取。

混合内包工段 PID

混合内包工段 操作视频

6. 外包工段

具体操作如下。

（1）外包前准备

① 检查清场合格证副本，确认合格证有效期，并将其附入批包装指令；

② 前往外包材暂存间，根据批包装指令及领料单领取外包材（纸板桶、打印好的标签）。

（2）外包

① 将纸板桶放在包装台上；

② 打开纸板桶桶盖；

③ 打开传递窗外包间一侧的门；

④ 取出传递窗内的内包袋；

⑤ 将传递窗外包间一侧的门关严实；

⑥ 将内包袋放入纸板桶内；

⑦ 盖上纸板桶桶盖并插入插销固定；

外包工段操作 视频

⑧ 将打印好的含有品名、质量、产品批号、生产日期、有效期、批准文号、贮藏条件、执行标准、生产企业名称等信息的标签贴至纸板桶桶身上；

⑨ 将包装好的物料桶交给 QA，经由 QC 取样检测合格后入库。

7. 母液回收工段

具体操作如下。

（1）生产前检查

① 确认场地清洁；

② 确认设备清洁；

③ 检查结晶釜内是否有物料；

④ 检查各阀门开关是否正常。

（2）母液接收罐进液

① 依次打开母液接收罐上的排空阀、氮封阀，使罐内处于氮封保护状态；

② 打开母液接收罐上的进料阀，接收来自结晶离心工段的母液缓冲罐的母液，当母液接收罐中的母液达到一定液位后，关闭进料阀。

（3）母液回收釜进液

① 打开母液回收釜的气升管阀门、气液分离器排空阀，然后打开 3 公斤氮气阀，向釜内通入 3 公斤氮气，排空釜内的空气，氮气置换完毕后关闭 3 公斤氮气阀，打开氮封阀，保持气液分离器排空阀、气升管阀门均为开启状态；

② 打开母液回收釜的进料阀，然后打开母液接收罐出料阀，开启母液输送泵，将母液接收罐中的母液输送至母液回收釜中回收，当需要回收的母液全部进入釜内时，关闭母液输送泵，关闭母液接收罐出料阀、氮封阀、排空阀，关闭母液回收釜进料阀。

（4）母液回收

① 依次打开两个冷凝器上的冷剂回水阀门、给水阀门；

② 打开母液回收釜回流管路阀门，然后缓慢开启夹套蒸汽管路阀门（蒸汽冷凝水排水阀、蒸汽阀），对釜内溶剂进行加热、回流，当回流达到一定温度后开启蒸馏操作；

③ 保持夹套蒸汽管路阀门开启，关闭回流管路阀门，依次打开冰醋酸接收罐进料阀、排空阀、氮封阀，回流管路上的冰醋酸出料阀，然后开启母液回收釜的真空泵系统（开启真空管道阀门），关闭气液分离器排空阀、母液回收釜上氮封阀，开始蒸馏回收冰醋酸；

④ 当母液回收釜釜内溶液蒸馏到一定量后，关闭夹套蒸汽管路阀门，关闭母液回收釜的真空泵系统，再依次关闭真空管道阀门、冰醋酸接收罐阀门，关闭两个冷凝器上的冷剂给水阀门、回水阀门，开启气液分离器排空阀、氮封阀，恢复母液回收釜为常压状态，进行后续回收阿司匹林的操作（结晶、离心等）。

母液回收工段 PID 可扫码获取。

母液回收工段
PID

8. 水解工段

具体操作如下。

（1）生产前检查

① 检查水解釜搅拌器是否正常；

② 检查水解釜内是否有物料；

③ 检查各阀门开关是否正常；

④ 检查蒸汽压力是否≥0.4MPa。

母液回收工段
操作视频

（2）酸碱高位罐进料

① 分别打开硫酸高位罐的排空阀、氮封阀、硫酸进料阀，向 500L 硫酸高位罐 T1107 中加入一定量的硫酸，当硫酸高位罐 T1107 的液位计达到 80%～85%时，关闭硫酸进料阀，停止进料，同时排空阀、氮封阀继续保持开启状态；

② 分别打开液碱高位罐的排空阀、氮封阀、液碱进料阀，向 500L 液碱高位罐 T1108 中加入一定量的液碱，当液碱高位罐 T1108 的液位计达到 80%～85%时，关闭液碱进料阀，停止进料，同时排空阀、氮封阀继续保持开启状态。

（3）水解釜进料

① 打开水解釜的气升管阀门、气液分离器排空阀，然后打开 3 公斤氮气阀，排空水解釜内的空气，氮气置换完毕后关闭 3 公斤氮气阀，打开氮封阀；

② 打开水解釜 R1107 的人孔盖，将来自离心机 S1102 的滤饼和来自沸腾制粒干燥机 D1101 的不合格品（细颗粒）投入釜内，然后关闭人孔盖；

③ 开启自来水进水阀，向釜内加入一定量的自来水，加料完毕后关闭自来水进水阀。

（4）水解

① 依次打开冷凝器的循环冷却水回水阀门、进水阀门，然后打开回流管路阀门。

② 开启搅拌，然后依次打开夹套冷凝水排放阀组和蒸汽管路阀门，将釜内物料加热至 70～80℃。

③ 加热一定时间后，依次关闭夹套蒸汽管路阀门和冷凝水排放阀组，缓慢开启夹套冷冻盐水阀门，将釜内温度降至常温左右，降温后关闭夹套冷冻盐水阀门，缓慢开启液碱高位罐出料阀门和水解釜液碱进料阀门，向釜内滴加液碱溶液，调节物料的 pH 至 10～12 后关闭液碱阀门。再次打开夹套冷凝水排放阀组和蒸汽管路阀门，将釜内物料加热至 70～80℃，保温 1h 左右。

④ 保温完毕后，依次关闭夹套蒸汽管路阀门和冷凝水排放阀组，缓慢开启夹套冷冻盐水阀门，将釜内温度降至常温左右，降温后关闭夹套冷冻盐水阀门，缓慢开启硫酸高位罐出料阀门和水解釜硫酸进料阀门，向釜内滴加硫酸溶液，调节物料的 pH 至 1.7～1.9 后关闭硫酸阀门。调节 pH 完毕后，缓慢开启夹套冷冻盐水阀门，将釜内温度降至 20～30℃进行结晶，关闭夹套冷冻盐水阀门。

水解工段 PID

⑤ 开启水解釜底阀门，将上述料液下料至离心机 S1103 进行后续的离心、干燥等工序。

水解工段 PID 可扫码获取。

水解工段操作视频

四、注意事项

1. 备料工段

① 原料暂存　生产区用料时由专人登记发放，确保原辅料领用，减少或避免人员的误操作所造成的损失。

② 称量备料　生产区中的称量室单独设置，称量称宜放置在带有围帘的层流罩下或采取局部排风除尘，以防止粉尘外逸造成交叉污染。

③ 除尘　将产尘量大的工序集中在一起，既可集中除尘，又方便了车间的管理，以避

免对邻室或共用走道产生污染。

2. 酰化反应工段

由于有机物料存在异味，为防止对生产人员的健康产生影响，所有投料过程应配置排风器，通过管道投料或者密闭投料。

3. 结晶离心工段

① 设备所需的润滑剂、加热或冷却介质等，应当避免与中间产品或原料药直接接触，以免影响中间产品或原料药的质量。

② 宜使用密闭设备。使用敞口设备或打开设备操作时，应当有避免污染的措施，如采用层流罩、超净台、隔离器等。

③ 应当将生产过程中指定步骤的实际收率与预期收率相比较。预期收率的范围应当根据前期实验室、中试或生产的数据来确定。应当对关键工艺步骤收率的偏差进行调查，确定偏差对相关批次产品质量的影响或潜在影响。

④ 通常在背景环境 D 级洁净区下进行操作。

4. 干燥工段

① 干燥过程中应避免有机溶剂在设备内的聚集，若有聚集应及时排空并进行尾气处理，避免造成爆炸危险。

② 干燥过程采用沸腾干燥机，应保证气流的均一性和温度的稳定性，使干燥后的物料品质稳定、均一。

③ 每次沸腾干燥完成后应对机器进行彻底的无死角清洗。

④ 沸腾干燥机应配置除尘装置。产尘操作间应保持相对负压或采取专门的措施，防止粉尘扩散，避免交叉污染并便于清洁。

5. 混合内包、外包工段

① 不得将不合格批次与其他合格批次混合。

② 拟混合的每批产品均应当按照规定的工艺生产、单独检验，并符合相应质量标准。

③ 混合过程应当加以控制并有完整记录，混合后的批次应当进行检验，确认其符合质量标准。

④ 混合操作可包括：将数个小批次混合以增加批量；将同一原料药的多批零头产品混合成为一个批次。

⑤ 应当对容器进行清洁，如中间产品或原料药的性质有要求时，还应当进行消毒，确保其适用性。

⑥ 在原料药的生产企业，标签多为按需直接打印，要对打印的标签进行数量清点和记录，要有相关程序要求。

⑦ 包装容器的装量要根据包装容器和产品的特点设定合适的接受范围，这个范围往往来自客户的要求。外部包装容器大小的选择，要以不对产品内包装材料造成挤压破损、不使物料装入取出造成困难为宜。

6. 母液回收工段

① 母液回收应当有经批准的回收操作规程，且回收的物料或产品符合与预定用途相适应的质量标准。

② 未使用过的溶剂和回收的母液混合时，应当有足够的数据表明其对生产工艺的适用性。

③ 回收的母液和溶剂以及其他回收物料的回收与使用，应当有完整、可追溯的记录，并定期检测杂质。

7. 水解工段

① 水解应当有杂质档案。杂质档案中应当描述产品中存在的已知和未知的杂质情况，注明观察到的每一杂质的鉴别或定性分析指标（如保留时间）、杂质含量范围，以及已确认杂质的类别（如有机杂质、无机杂质、溶剂）。

② 杂质分布一般与原料药的生产工艺和所用起始原料有关。

阿司匹林原料药
工艺介绍视频

课后练习

1. 判断题

（1）同种物料包装过程中，不同批次物料可任意进行混合。　　　　（　　）

（2）生产过程中，如更换产品，可直接更换物料进行投料生产。　　　（　　）

（3）外包容器的选择，只需要考虑容器是否容纳产品即可。　　　（　　）

（4）混合过程应当加以控制并有完整记录，混合后的批次应当进行检验，确认其符合质量标准。　　　（　　）

（5）工程设计过程中，如有多个产尘间，可分散独立设置除尘间。　　　（　　）

2. 多选题

（1）沸腾干燥机配备除尘装置的目的是（　　　　）。

    A. 防止粉尘扩散　　　　B. 便于清洗　　　　C. 避免交叉污染

（2）下面对母液回收描述正确的是（　　　　）。

    A. 母液回收，应当有经批准的回收操作规程，且回收的物料或产品符合与预定用途相适应的质量标准

    B. 未使用过的溶剂和回收的母液混合时，应当有足够的数据表明其对生产工艺的适用性

    C. 回收的母液和溶剂以及其他回收物料的回收与使用，不需要有完整、可追溯的记录，无需检测杂质

（3）下面对干燥工段描述正确的是（　　　　）。

    A. 干燥过程应避免有机溶剂在设备内的聚集，若有聚集应及时排空并进行尾气处理，避免造成爆炸危险

    B. 干燥过程采用沸腾干燥机，应保证气流的均一性和温度的稳定性，使干燥后的物料品质稳定、均一

    C. 每次沸腾干燥完成后应对机器进行彻底的无死角清洗

3. 问答题

简述阿司匹林的合成工艺路线。

4. 单选题

结晶离心工段应在（　　　）环境中生产。

A. A 级　　　　　　　B. B 级　　　　　　　C. C 级　　　　　　　D. D 级

第二节　美罗培南生产虚拟仿真实训

一、产品概述

1. 临床用途

美罗培南（meropenem），又译美洛培南，是 β-内酰胺类抗生素，属于碳青霉烯类，可用于治疗多种不同的感染，包括脑膜炎、肺炎、皮肤软组织感染、败血症等。

2. 理化性质

本品为白色至微黄色结晶性粉末，无臭。在甲醇中溶解，在水中微溶，在丙酮、乙醇或乙醚中不溶，在 0.1mol/L 氢氧化钠溶液中溶解，在 0.1mol/L 盐酸溶液中微溶。

二、工艺流程简介

1. 工艺原理

本工艺以缩合物为原料与氢气加氢还原（收率为 95%），得到的美罗培南粗品在 B 级结晶生产区完成精制（收率为 98%）。采用间歇式生产，年设计产量 25t，包括氢化还原工段、氢化还原后处理工段、精制工段。

主要化学反应方程式如下（图 3-2，图 3-3）：

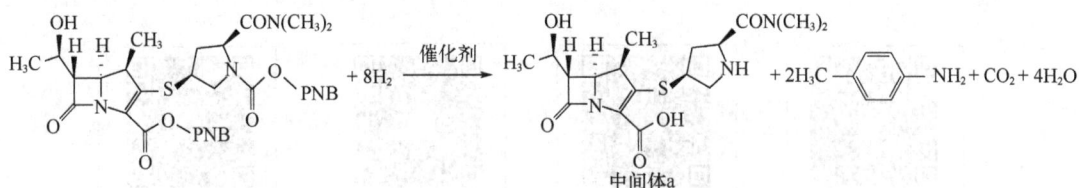

图 3-2　氢化还原反应制备中间体 a

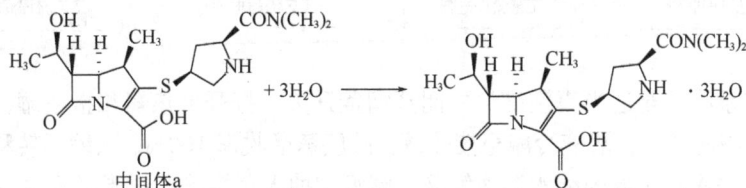

图 3-3　结晶反应制备美罗培南三水化合物

2. 主要工艺过程

（1）氢化还原工段

氢化还原工段工艺配比见表 3-1。

表 3-1 氢化还原工段工艺配比

原辅料名称	规格	质量比（W）
缩合物	≥99%	1.00
3-(N-吗啡啉)丙磺酸	≥99%	0.13
氢气	≥99.99%	0.03（过量）
钯碳（Pd/C）	10%	0.10
四氢呋喃	工业级	5.33
甲醇	工业级	0.79

注：W 为以缩合物批投料质量为基准的原辅料的质量比。

氢化釜抽真空后，在氮气保护下输送 3-（N-吗啡啉）丙磺酸缓冲液至配料罐，加入缩合物和 Pd/C 催化剂，再输送四氢呋喃溶液和甲醇，继续通氮气置换空气。氢化还原收率为 95%。加热溶解原料后，冷却至适当温度，检测氧含量不超过 0.5% 后通入氢气，控制压力并搅拌。反应完成后泄压，转移反应液至钯碳过滤器过滤，滤液转入蒸馏釜。过滤洗涤收率为 100%。

氢化还原工段工艺流程框图

（2）氢化还原后处理工段

氢化还原后处理工段工艺配比见表 3-2。

表 3-2 氢化还原后处理工段工艺配比

原辅料名称	规格	质量比（W）
中间体	中间体	1.00
异丙醇	工业	0.65
丙酮	工业	6.81

注：W 为以中间体批投料质量为基准的原辅料的质量比。

氢化还原后处理工段-减压蒸馏工艺流程框图

氢化还原后处理工段-吸附洗涤工艺流程框图

氢化还原后处理工段-解吸浓缩工艺流程框图

氢化还原后处理工段-结晶干燥工艺流程框图

启动真空系统抽至适当真空度，关闭蒸馏釜开关，打开换热器和接收罐，形成密闭系统，夹套加热减压浓缩，溶液冷凝至接收罐，减压蒸馏收率 100%。浓缩后转移至树脂柱进行吸附处理，洗涤后用异丙醇水溶液解吸，解吸液抽入蒸馏釜，树脂吸附洗脱收率 95%。再次浓缩后，水溶液抽入结晶釜，降温后加入丙酮析晶，转移至离心机，结晶收率 98%。离心后用丙酮洗涤，洗涤液转移至接收罐，粗品送至干燥机干燥，过滤、洗涤收率 98%，干燥收率 100%。

（3）精制工段

精制工段工艺配比见表 3-3。

表 3-3　精制工段工艺配比

原辅料名称	规格	质量比（W）
粗品	中间体	1.00
丙酮	≥99%	9.82
活性炭	医用级	0.05
注射用水	符合药典标准	17.86

注：W 为以粗品批投料质量为基准的原辅料的质量比。

　　美罗培南粗品运至物净间除菌后进入洁净区暂存。活性炭调碳后除菌，进入洁净区备用。防止交叉污染，活性炭通过传递窗进入脱色间，粗品美罗培南运至脱色间。将除菌后的美罗培南和活性炭加入脱色釜，注入注射用水脱色，控制温度，脱色后溶液转移至过滤器脱碳，脱色收率 100%。滤液经除菌过滤后转移至结晶釜。结晶釜中加入丙酮，搅拌析晶，转移至三合一干燥机，重结晶收率 98%。结晶液过滤后用丙酮洗涤，干燥，滤液和洗涤液精馏回收，过滤、洗涤收率 98%，干燥收率 100%。物料粉碎、筛分、混合后称重分装，确认合格后入库，收率 99.8%。

精制工段-脱色工艺流程框图

　　（4）工艺流程框图

　　各工段工艺流程框图可扫码获取。

精制工段-精制、粉碎包装工艺流程框图

氢化还原工段 DCS 图

三、生产工艺操作虚拟仿真

1. 氢化还原工段

氢化还原工段的 DCS 图可扫码获取。

具体操作如下：

① 配料　前往氢化车间二层平台（图 3-4），向配料罐 R101 中加入 45.12kg 左右 3-（N-吗啡啉）丙磺酸溶液（图 3-5）、1073.85kg 左右纯化水，启动搅拌电机，搅拌配料。

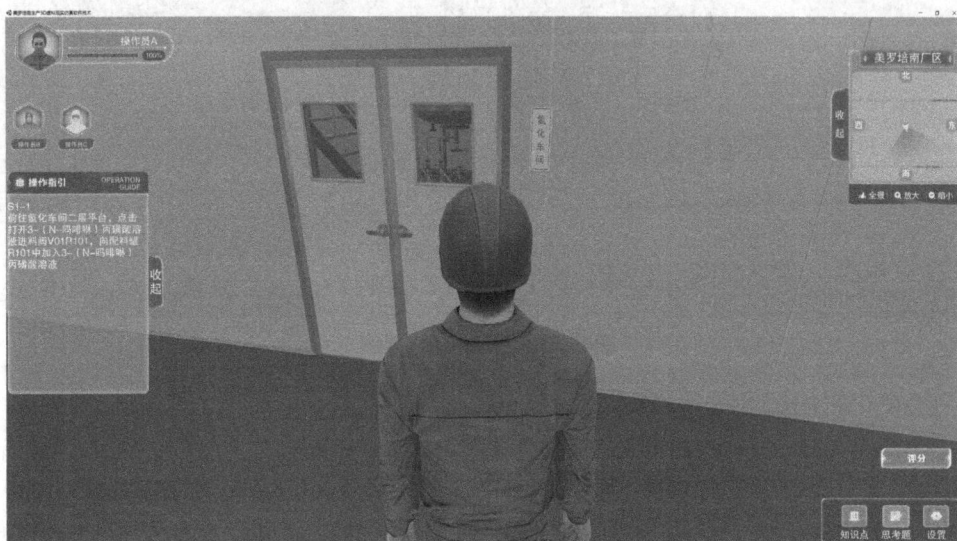

图 3-4　前往氢化车间场景

图 3-5　加料场景

② 氢化还原　氢化釜 R102 抽真空，在氮气保护下通过管路输送 548.18kg 配料罐 R101 中配制的 3-(N-吗啡啉) 丙磺酸缓冲液，仓库领料，投入 96.20kg 缩合物（图 3-6）、9.62kgPd/C 催化剂，通过管路继续输送 512.78kg 四氢呋喃溶液、76.30kg 甲醇至氢化釜 R102，继续通氮气置换空气。

图 3-6　缩合物加料场景

打开氢化釜 R102 夹套饱和蒸汽入口，间接加热至 45℃ 使投入的原料溶解，待完全溶解后，关闭蒸汽入口，打开冷却水入口，使氢化釜 R102 温度降至 22～28℃。在通入氢气前检测氧含量，若氧含量不大于 0.5%，则在氮气保护下打开氢气入口阀门，控制压力 0.5～0.6MPa（图 3-7），开启搅拌器，反应 6h 后泄压，通过气动隔膜泵 P101 将反应液转移至钯碳过滤器 F101 过滤（图 3-8），滤液转入蒸馏釜 R201 中。

图 3-7 氢气加压场景

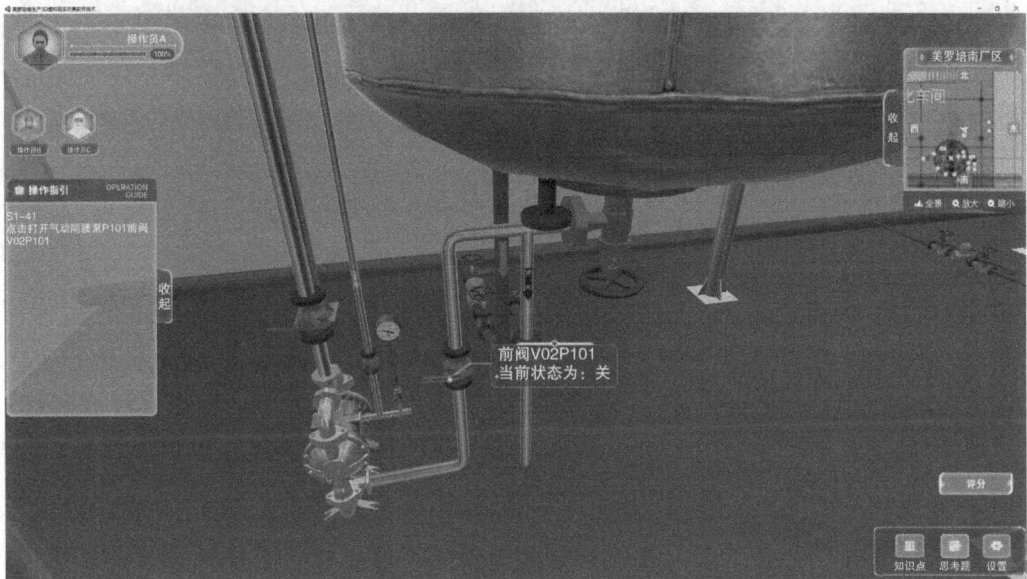

图 3-8 气动隔膜泵打料场景

2. 氢化还原后处理工段

（1）减压蒸馏、吸附解吸工序

本工序的 DCS 图可扫码获取。

具体操作如下：

① 减压蒸馏 开启真空系统，将蒸馏釜 R201 抽至真空度 0.09MPa 左右（图 3-9），关闭蒸馏釜 R201 进出口开关，打开与蒸馏釜 R201 配套的换热器 E201 冷冻盐水出入阀，打开换热器 E201 和接收罐 V201 入口，此时换热器 E201、接收罐 V201 和蒸馏釜 R201 组成密闭系统，夹套中通蒸汽进行间接加热，以保持温度在 35～

减压蒸馏、吸附解吸工序 DCS 图

40℃之间，减压浓缩 6h（图 3-10）。减压浓缩过程中四氢呋喃-甲醇-水溶液经换热器 E201 冷凝后至接收罐 V201 中。

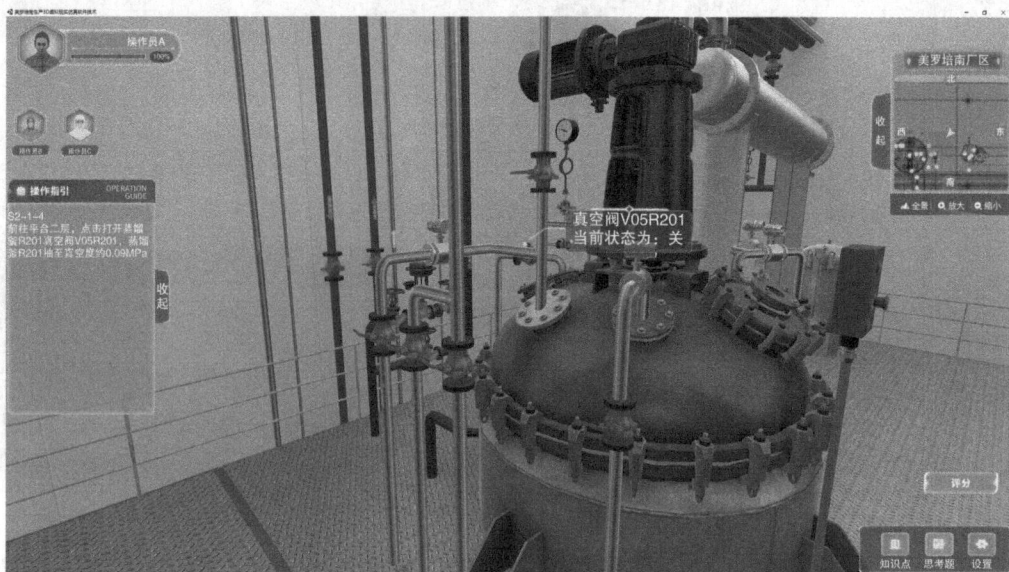

图 3-9　蒸馏釜减压场景

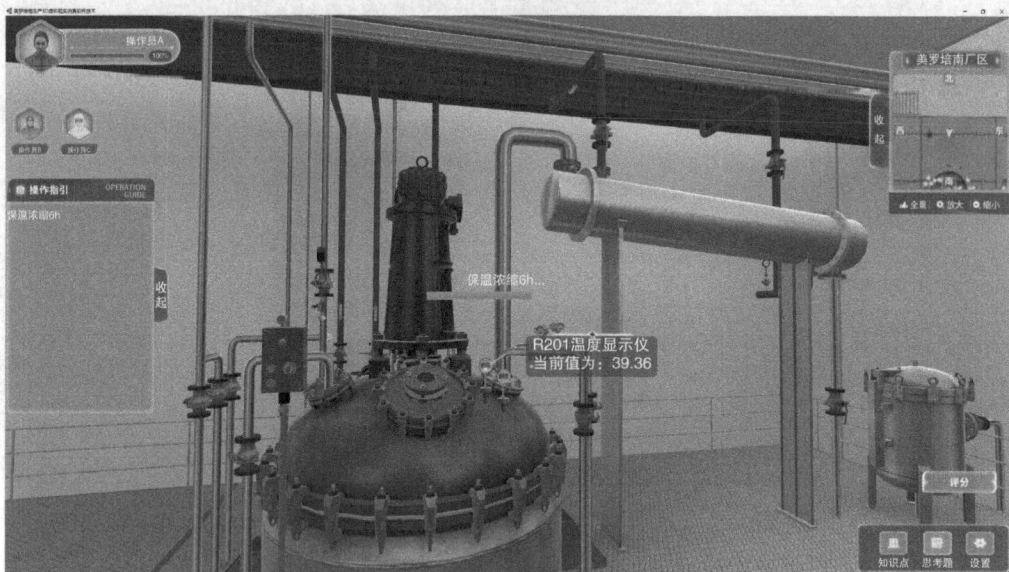

图 3-10　保温浓缩场景

② 吸附解吸　减压浓缩完成后，关闭换热器 E201 和接收罐 V201，打开蒸馏釜 R201 底阀，利用气动隔膜泵 P201 将浓缩所得溶液转移至大孔吸附树脂柱 X201 和 X202 中（图 3-11），以 0.5BV/h 的流速进行树脂吸附处理，吸附 2h 后，用 1044.40kg 纯化水以 1BV/h 的流速进行洗涤以除去残存在树脂中的部分杂质，洗涤 1.5h 后使用 1053.73kg 的 6%异丙醇水溶液以 1BV/h 的流速对吸附的美罗培南进行解吸。解吸 8h 后将解吸液负压抽入蒸馏釜 R202（图 3-12），流出液可用高效液相色谱仪进行检测。

图 3-11　浓缩液打料场景

图 3-12　真空抽料场景

（2）浓缩析晶工序

本工序的 DCS 图可扫码获取。

具体操作如下：

① 蒸馏浓缩　关闭蒸馏釜 R202 的进出口开关，打开与蒸馏釜 R202 配套的换热器 E202 冷却水出入阀（图 3-13），打开换热器 E202 和接收罐 V204 入口，此时换热器 E202、接收罐 V204 和蒸馏釜 R202 组成密闭系统，夹套通蒸汽间接加热（图 3-14），保持温度在 40℃左右，浓缩 8h。浓缩过程中异丙醇溶液经换热器 E202 冷凝后至接收罐 V204 中。浓缩完成后关闭换热器 E202 和接收罐 V204，打开蒸馏釜 R202 底阀，将浓缩所得水溶液负压抽入结晶釜 R203（图 3-15）。

浓缩析晶工序
DCS 图

图 3-13　换热器冷却场景

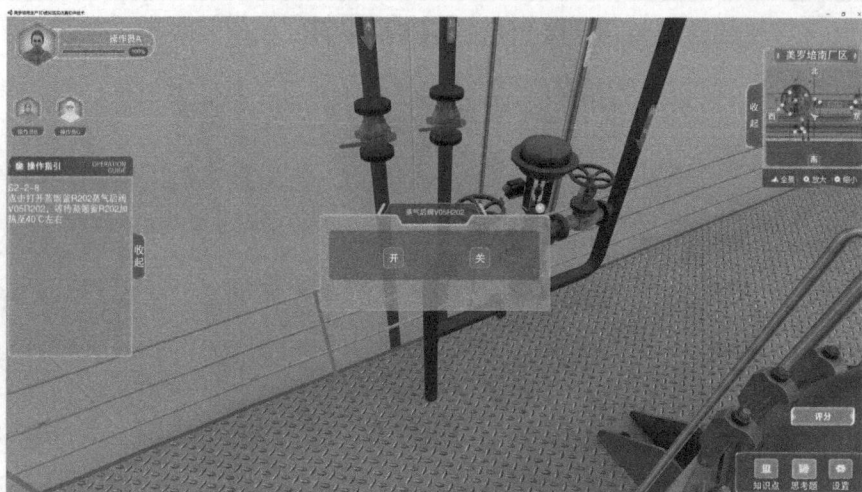

图 3-14　蒸汽加热场景

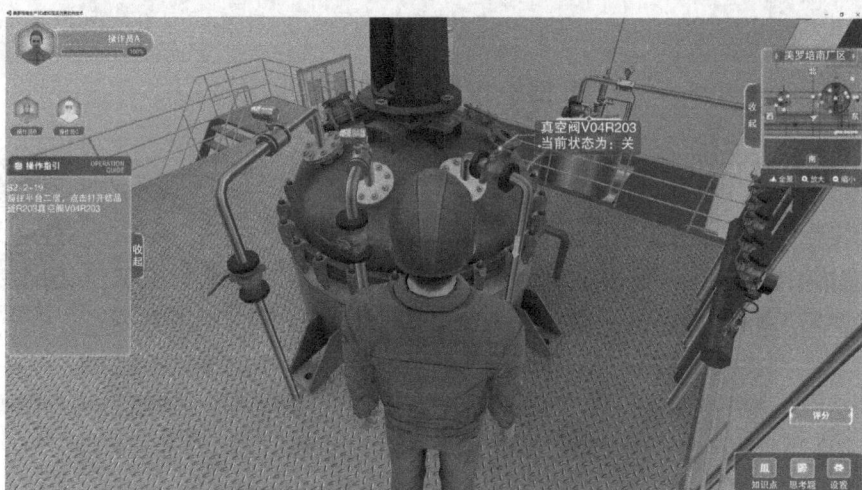

图 3-15　结晶釜减压场景

② 析晶　结晶釜 R203 夹套通冷却水，待缓慢降至常温（图 3-16），向结晶釜加入 580.96kg 丙酮（总用量的 90%），开启搅拌机，边搅拌边析晶，待大部分晶体析出后，再通冷冻盐水使温度降至 0～5℃，析晶 2.5h 后通过气动隔膜泵 P202 转移至离心机 M201 中。

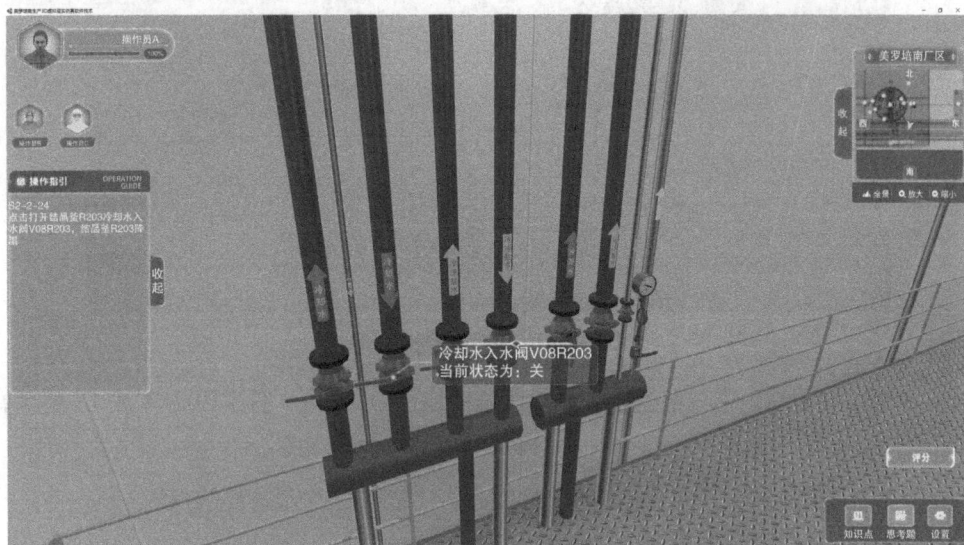

图 3-16　降温场景

（3）离心干燥工序

本工序的 DCS 图可扫码获取。

具体操作如下：

① 离心洗涤　在离心机 M201 中离心 30min 后，向离心机中加入 32.28kg 丙酮进行洗涤，洗涤 30min 后，将洗涤液转移至与离心机密闭连接的半地埋接收罐 V205 中（图 3-17）。洗涤完成，点击离心机 M201 "停止" 按钮，停止离心机 M201（图 3-18）。

离心干燥工序
DCS 图

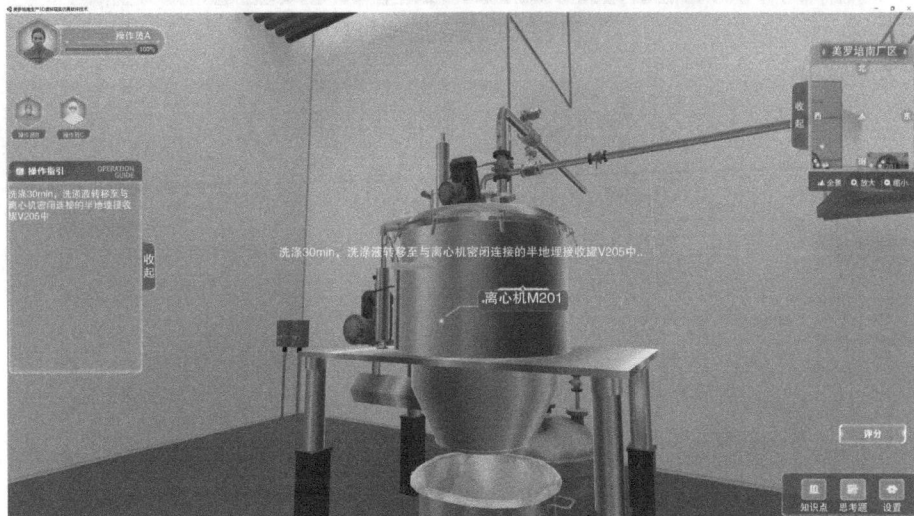

图 3-17　丙酮洗涤场景

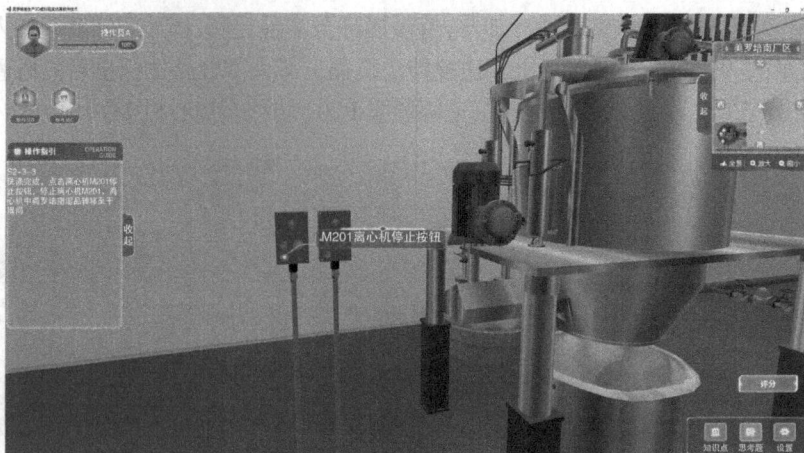

图 3-18　离心机停止场景

② 干燥　将美罗培南湿品送至干燥间双锥干燥机 D201 处（图 3-19），干燥 1h 后将美罗培南粗品收集储存（图 3-20）。

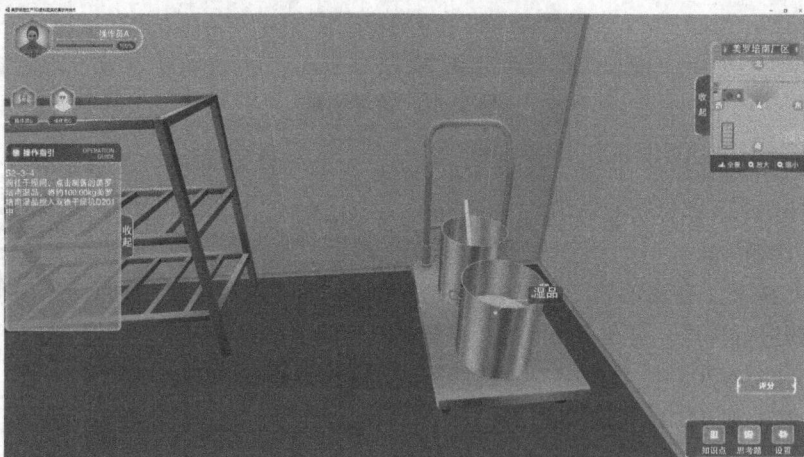

图 3-19　湿品加料场景

图 3-20　真空干燥场景

3．精制工段

（1）脱色工序

本工序的 DCS 图可扫码获取。

具体操作如下：

收集储存的美罗培南粗品通过小推车运至物净间除菌后，通过气锁间
进入 C 级洁净区的粗品暂存间存放。活性炭经调碳间调碳后进入物净间除菌，再通过气锁间
进入洁净区的活性炭暂存间备用。为防止交叉污染，称量后的活性炭通过传递窗进入脱色间，
粗品美罗培南通过洁净室推车运至脱色间。将除菌后的 53.18kg 美罗培南和 2.66kg 活性炭加
入脱色釜 R301，注入 949.88kg 注射用水进行脱色，夹套通冷冻盐水，控制温度为 0～5℃，
在 C 级洁净区脱色 30min 后将溶液经输送泵 P301 转移至 C 级洁净区的过滤器 F301 进行脱
碳过滤（图 3-21，图 3-22）。

图 3-21　出料除碳场景

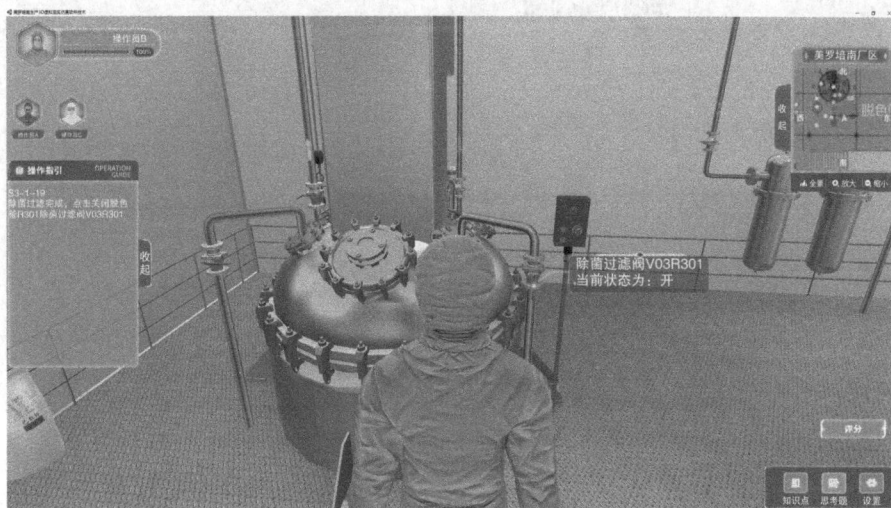

图 3-22　除菌过滤场景

（2）析晶精制工序

本工序的 DCS 图可扫码获取。

具体操作如下：

① 析晶　在结晶釜 R302 夹套中通入冷冻盐水，控制温度在 0～5℃（图 3-23），管道通入经 C 级洁净区的过滤器 F306、F307 除杂除菌和 B 级洁净区的过滤器 F308 除菌的丙酮 470.05kg（总用量的 90%），开启搅拌机，边搅拌边析晶，析晶 2.5h，将结晶液转移（图 3-24）至三合一干燥机 D301 中。

图 3-23　降温析晶场景

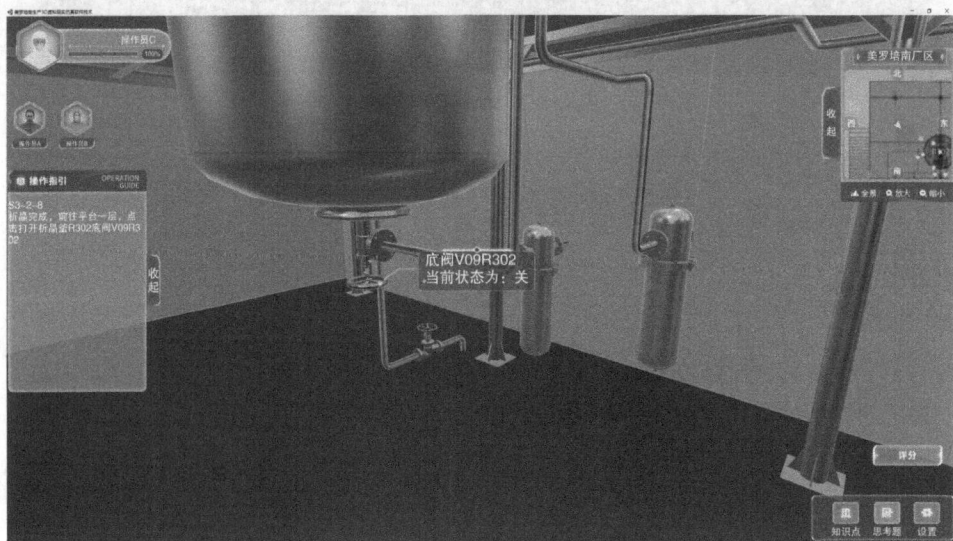

图 3-24　析晶出料场景

② 过滤、洗涤、干燥　结晶液转移至三合一干燥机 D301 中过滤 30min 后（图 3-25），加入经 C 级洁净区的过滤器 F306、F307 除杂除菌和 B 级洁净区的过滤器 F308 除菌的丙酮

52.23kg（总用量的 10%），洗涤 30min（图 3-26），在 40℃下干燥 1h，将滤液和洗涤液混合送去精馏塔精馏后回收套用。

图 3-25 氮气压滤场景

图 3-26 丙酮洗涤场景

（3）粉碎、筛分、混合工序

本工序的 DCS 图可扫码获取。

具体操作如下：

将物料送至 A 级洁净区粉碎过筛间，经万能粉碎机 M301 粉碎（图 3-27）、旋振筛 M302 筛分（图 3-28）后，再送至 A 级洁净区整粒总混间提升式混合机 M303 进行混合（图 3-29），混合后称重分装，确认产品质量合格后入库。

粉碎、筛分、混合
工序 DCS 图

图 3-27　粉碎场景

图 3-28　筛分场景

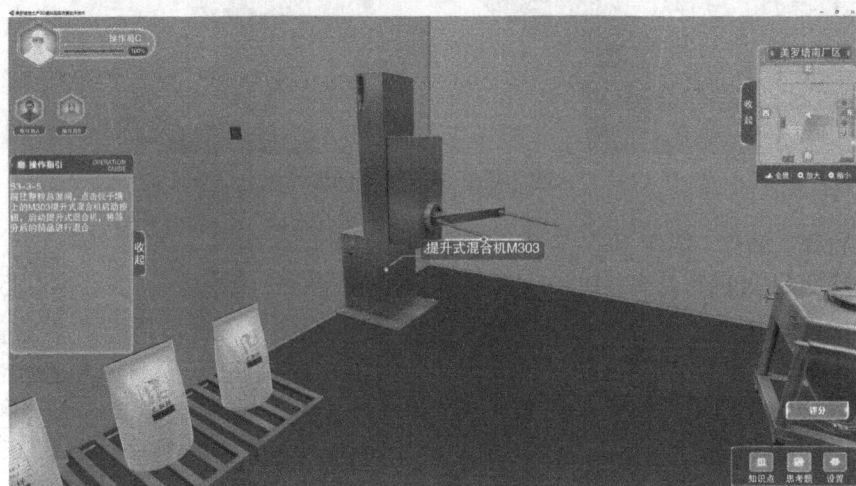

图 3-29　混合场景

四、注意事项

①　对储存可燃气体、易燃液体的储罐，应配备必需的消防设备，严禁在罐内吸烟、明火照明、取暖，以及将其发火源带入罐区内。

②　在进入罐内作业30min前要取样分析，其氧含量在18%～23%（体积比）之间。

③　试压后放水时，必须连通大气，以防抽真空。

④　在使用带有管道视镜的管路时，打压及泄压一定要缓慢开阀进行，先开压力小端的阀门，不可快开快关，以防止突然受压，引起视镜管破裂而发生事故。

⑤　在给管线送伴热前，必须确认管线有安全泄压处，防止在加热时因闭口升温，管内物料受热膨胀而发生泄漏事故。在关键点可增设压力表。

⑥　冬季防冻时，必须勤检查，及时排水、排气，防止结冰而损坏设备。

⑦　按规定升温，升温过快易引发事故。

⑧　长期不用的设备，在重新使用前必须重新检查，打压、试密、置换、放空。

⑨　滴加作业必须按规程操作，不允许私自改动工艺参数。

⑩　有毒气体泄压时必须通过吸收装置，不允许直接开放空阀放空。

⑪　滤机入料及清洗滤机前，必须确认滤机内压力为"0"。

⑫　移动工具、手持式电动工具应一机一闸一保护。

课后练习

1. 单选题

（1）灭火器上的压力表用红、黄、绿三色表示灭火器的压力情况，当指针指在红色区域表示（　　　）。

　　A. 正常　　　　　　B. 偏高　　　　　　C. 偏低

（2）当空气中二氧化碳浓度达到（　　　）时，人体呼吸将处于停顿状态和失去知觉。

　　A. 1%　　　　　　B. 5%　　　　　　C. 10%～20%　　　　　D. 20%～25%

2. 问答题

（1）我国安全生产的方针是什么？

（2）危险化学品的储存方式有哪些？

（3）我国安全标志常用哪几种颜色？分别代表什么含义？

（4）我国对危险化学品的安全管理，突出"两重点一重大"。"两重点一重大"是指什么？

（5）化学爆炸的主要特点是什么？

（6）《中华人民共和国安全生产法》所指的危险物品包括哪些？

（7）化学性皮肤烧伤如何处理？

（8）化学性眼烧伤如何处理？

参考文献

[1] 国家药典委员会. 中华人民共和国药典 2020 年版（二部）[S]. 北京: 中国医药科技出版社, 2020.

[2] 丁海祥. 美罗培南中间体的合成工艺[D]. 北京: 北京化工大学, 2012.

[3] 赵燕芳, 郝金恒, 李娟, 等. 美罗培南三水合物的合成[J]. 中国药物化学杂志, 2005, 15(2): 97-99.

[4] 刘华祥, 孟庆伟. 1β-甲基碳青霉烯类抗生素美罗培南合成进展[J]. 中国抗生素杂志, 2009, 34(5): 257-262.

[5] 马红梅, 黄顺忠, 李红昌, 等. 美罗培南中间体的合成与结构表征[J]. 精细化工中间体, 2010, 40(3): 29-31.

[6] 李岳锋, 张之翔, 田勤奋, 等. 美罗培南合成用钯炭催化剂的制备及性能[J]. 工业催化, 2015, 23(6): 464-468.

[7] 卢鹏. 新型碳青霉烯类抗生素美罗培南的合成工艺研究[D]. 沈阳: 沈阳药科大学, 2005.

[8] 胡来兴, 刘浚, 金洁. 美罗培南全合成的改进[J]. 中国医药工业杂志, 2000, 31(7): 290-292.

[9] Prashad A S, Vlahos N, Fabio P, et al. A highly refined version of the α-keto ester based carbapenem synthesis: The total synthesis of meropenem[J]. Tetrahedron Letters, 1998, 39(39): 7035-7038.

[10] 重庆圣华曦药业股份有限公司. 一种美罗培南三水合物的制备方法: CN113185515A[P]. 2021-07-30.

[11] 深圳市海滨制药有限公司. 一种美罗培南中间体及其制备方法: CN113929684B[P]. 2022-04-29.

[12] 上海巴迪生物医药科技有限公司. 一种美罗培南的合成方法: CN101962383A[P]. 2011-02-02.

第四章

生物制药虚拟仿真实训

第一节　重组人干扰素生产虚拟仿真实训

一、产品概述

1. 临床用途

重组人干扰素适用于治疗恶性肿瘤、亚急性重症肝炎、肝纤维化（早期肝硬化）、感染与损伤性疾病、骨髓增生异常综合征、病毒性疾病、系统性硬皮病、异位性皮炎、风湿性关节炎等病症。

2. 药理

重组人干扰素具有广谱抗病毒作用，其抗病毒机制主要通过干扰素同靶细胞表面干扰素受体结合，诱导靶细胞内产生 2-5（A）合成酶、蛋白激酶（PKR）、MX 蛋白等多种抗病毒蛋白，阻止病毒蛋白质的合成，抑制病毒核酸的复制和转录而实现。干扰素还具有多重免疫调节作用，可提高巨噬细胞的吞噬活性和增强淋巴细胞对靶细胞的特异性细胞毒等，促进和维护机体的免疫监视、免疫防护和免疫自稳功能。

二、工艺流程简介

1. 工艺原理

先将转入有重组干扰素功能的 DNA 片段的大肠杆菌进行菌种复苏、培养皿培养、T 瓶培养、放大培养，然后收集菌体、收集菌体蛋白、纯化目的蛋白，最后经除菌过滤后形成原液。

2. 主要工艺过程

将保存在-80℃冰箱内的携带重组干扰素功能的 DNA 片段的工作菌种经传递窗由菌种保存间传入 C 级菌种间复苏，先在培养皿上进行培养，后划单菌落转入 T 瓶培养，进而实施放大培养。

原辅料经过称量后按处方配制成大肠杆菌生长液，在 1200L 发酵系统（两套）中经热压灭菌后待用，C 级菌种间完成一定培养代次的细菌经传递窗传入发酵间，通过接种器接种到细菌培养罐系统，进行生产级别培养。

完成发酵后，菌液经管道输送至离心间的连续流离心机进行离心，并经多步纯化后，过滤除菌至 B 级接收间接收原液。原液存放于 2～8℃冷库中待检。

3. 工艺流程框图

重组人干扰素发酵生产流程框图如图 4-1 所示。

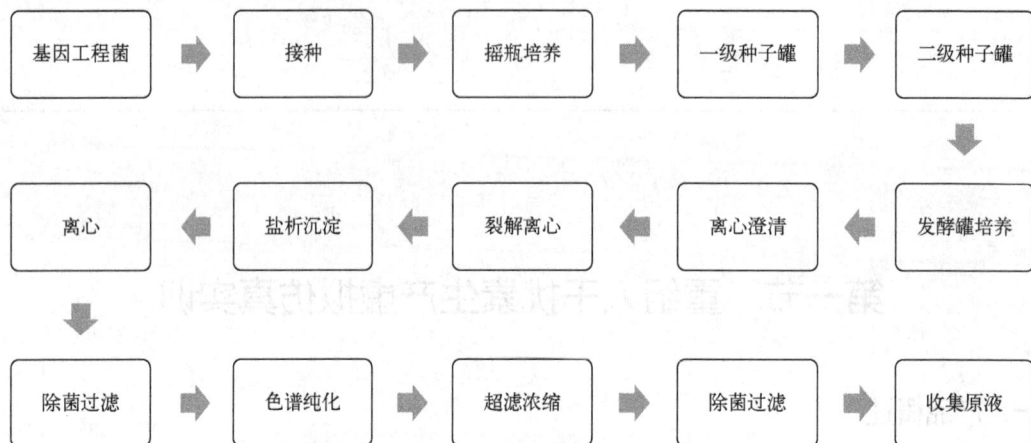

图 4-1　重组人干扰素发酵生产流程框图

三、生产工艺操作虚拟仿真

1. 发酵工序

本工序的 PID 图可扫码获取。

发酵工序 PID 图

具体操作如下：

（1）10L 种子罐生产操作

① 启动 PLC 电源。

② 先选择清洗（CIP），然后消毒灭菌（SIP）。

③ 先取料桶，开投料孔盖，揭开料桶盖投料，关投料孔盖，料桶归位。

④ 选择 PLC 面板，进入 PLC 系统。

⑤ 先打开传递窗门取接种瓶，然后关上传递窗门。再开启 10L 种子罐接种口，安装带过滤功能的气囊，把接种瓶导管对准接种口，挤压气囊接种。接种完成后关上接种口，接种瓶归位。

⑥ 取量筒，然后把量筒对准取样口，再开启阀门取样，取样后关闭阀门，取走量筒，将取样品倒入锥形瓶中，盖上瓶塞，交与 QC 检测，最后确认 QC 检测报告。

⑦ 选择 PLC 面板，进入 PLC 系统。

（2）100L 种子罐生产操作

① 启动 PLC 电源。

② 先选择清洗（CIP），然后消毒灭菌（SIP）。

③ 先取料桶，开投料孔盖，揭开料桶盖投料，关投料孔盖，料桶归位。

④ 选择 PLC 面板，进入 PLC 系统。

⑤ 选择发酵工段。

⑥ 取量筒，然后把量筒对准取样口，再开启阀门取样，取样后关闭阀门，取走量筒，将取样品倒入锥形瓶中，盖上瓶塞，交与 QC 检测，最后确认 QC 检测报告。

⑦ 选择 PLC 面板，进入 PLC 系统。

（3）1200L 发酵罐生产操作

① 启动 PLC 电源。

② 先选择清洗（CIP），然后消毒灭菌（SIP）。

③ 先取料桶，开投料孔盖，揭开料桶盖投料，关投料孔盖，料桶归位。

④ 选择 PLC 面板，进入 PLC 系统。

⑤ 选择发酵工段。

⑥ 取量筒，然后把量筒对准取样口，再开启阀门取样，取样后关闭阀门，取走量筒，将取样品倒入锥形瓶中，盖上瓶塞，交与 QC 检测，最后确认 QC 检测报告。

⑦ 选择 PLC 面板，进入 PLC 系统。

（4）200L 补料罐生产操作

① 启动 PLC 电源。

② 先选择清洗（CIP），然后消毒灭菌（SIP）。

③ 先取料桶，开投料孔盖，揭开料桶盖投料，关投料孔盖，料桶归位。

④ 选择 PLC 面板，进入 PLC 系统。

⑤ 选择发酵工段。

⑥ 选择 PLC 面板，进入 PLC 系统。

发酵工序场景如图 4-2 所示。

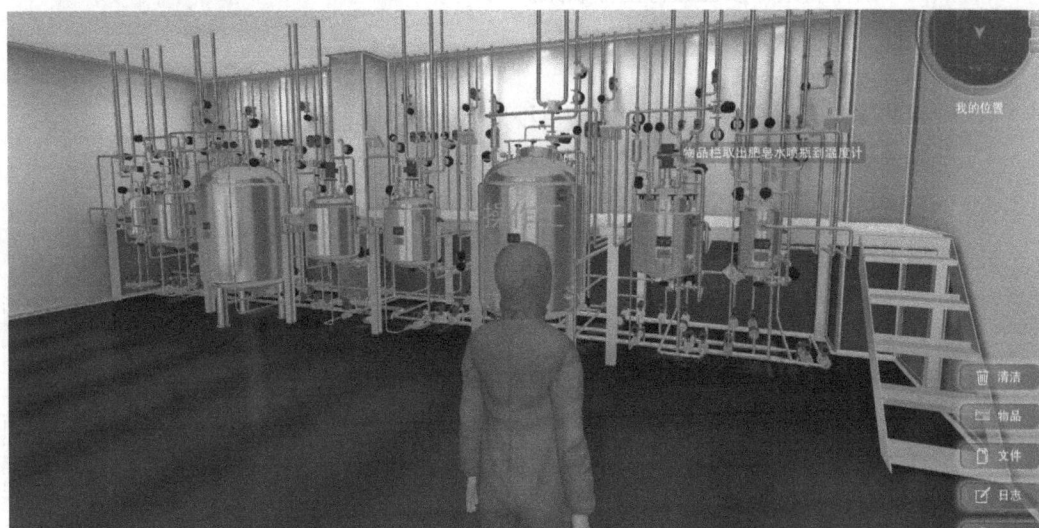

发酵操作视频

图 4-2 发酵工序场景

2. 离心澄清工序

本工序的 PID 图可扫码获取。

具体操作如下：

（1）部件安装

① 打开灭菌后暂存间门，进入。

② 运输菌体收集罐。

③ 打开灭菌后暂存间门，离开。

④ 打开离心澄清间门，进入。

⑤ 将菌体收集罐放置在操作台上并靠一端放置。

⑥ 指定一个菌体收集罐安装在菌体收集口处。

（2）登录控制系统

① 开启碟片式离心机电源。

② 登录 PLC 控制系统。

③ 进行参数设置。

（3）试运行

① 进行润滑油油位检查。

② 进行温度计校正。

③ 开始试运转。

（4）生产前清洗与灭菌

① 对系统进行 CIP 清洗。

② 对系统进行 SIP 灭菌。

（5）生产操作和取样

① 进行连续流离心。

② 点击"菌体收集"按钮进行菌体收集。

③ 更换菌体收集罐继续收集菌体（循环）。

④ 取出存放样品用培养皿。

⑤ 打开菌体收集罐上盖，使用勺子取出少量菌体到培养皿中。

⑥ 关闭菌体收集罐上盖，将取出的菌体样品交给 QA 质检员。

（6）菌体存储

① 运输菌体。

② 打开离心澄清间门，离开。

③ 打开中间品暂存间门，进入。

④ 使用低温冰箱储存菌体。

⑤ 打开中间品暂存间门，离开。

⑥ 打开离心澄清间门，进入。

离心澄清场景如图 4-3 所示。

离心澄清工序
PID 图

离心澄清操作
视频

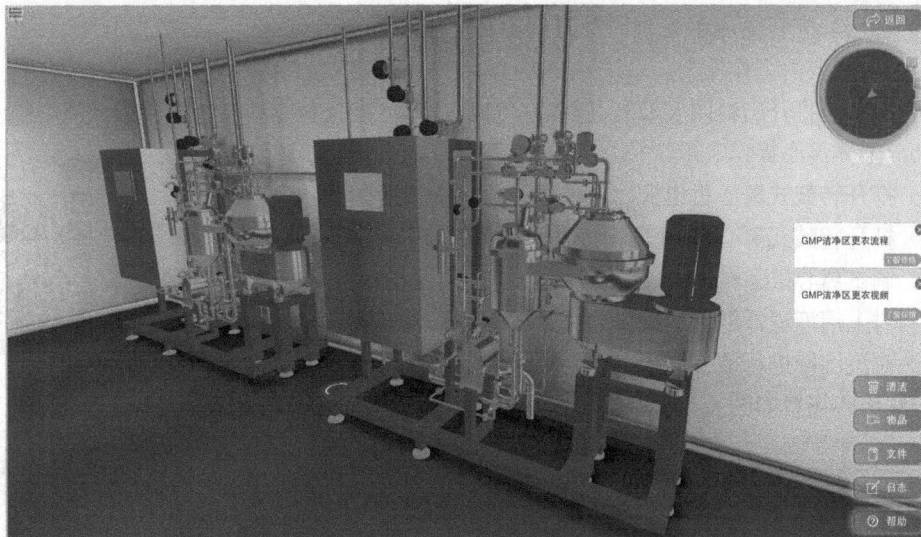

图4-3　离心澄清场景

3. 裂解离心工序

本工序的 PID 图可扫码获取。

具体操作如下:

(1) 均质机使用前检查

① 检查冷却水管是否畅通。

② 确认均质阀压力为 0bar（1bar=10^5Pa）。

(2) 300L 菌体溶解罐使用前调试

① 打开 300L 菌体溶解罐电源。

② 打开 300L 菌体溶解罐 PLC 面板，进行 PLC 调试工作。

(3) 生产前清洗与灭菌

打开 300L 菌体溶解罐 PLC 面板，进行 PLC 清洗与灭菌工作（CIP 与 SIP）。

(4) 菌体溶解操作

① 打开 300L 菌体溶解罐 PLC 面板，进行 PLC 菌体溶解工作。

② 根据菌体溶解 PLC 操作流程，在恰当时间前往中间品暂存间，打开冰箱，从冰箱中取出菌体，取出后关闭冰箱，回到裂解离心间。

③ 打开 300L 菌体溶解罐投料孔进行菌体投料。

④ 关闭 300L 菌体溶解罐投料孔。

⑤ 打开 300L 菌体溶解罐 PLC 面板，继续 PLC 菌体溶解工作并启动菌体转移。

(5) 菌体均质裂解操作

① 打开冷却水出口阀门。

② 打开冷却水进口阀门，使均质机保持低温。

③ 打开产品进料阀 V219，将物料从 300L 菌体溶解罐转移至均质机内。

④ 启动均质机电源。

⑤ 通过均质机"运行"按钮启动均质机。

裂解离心工序
PID 图

⑥ 加压。先将高压手轮顺时针方向旋转至压力表指针点动，然后按先低压后高压的顺序调整至所需要的工作压力。

⑦ 出料。打开出料阀 V223、压缩空气阀 V221，准备将物料转移至转鼓式离心机。

（6）菌体离心操作

① 打开转鼓式离心机电源。

② 打开转鼓式离心机 PLC 面板，进行 PLC 离心工作。

③ 调试离心机运转正常，持续开机至全速转速稳定，开启物料输送阀。

④ 对上清液进行取样送检，合格后关闭物料输送阀。

⑤ 对沉淀物进行取样送检，合格后完成卸料工作。

裂解离心场景如图 4-4 所示。

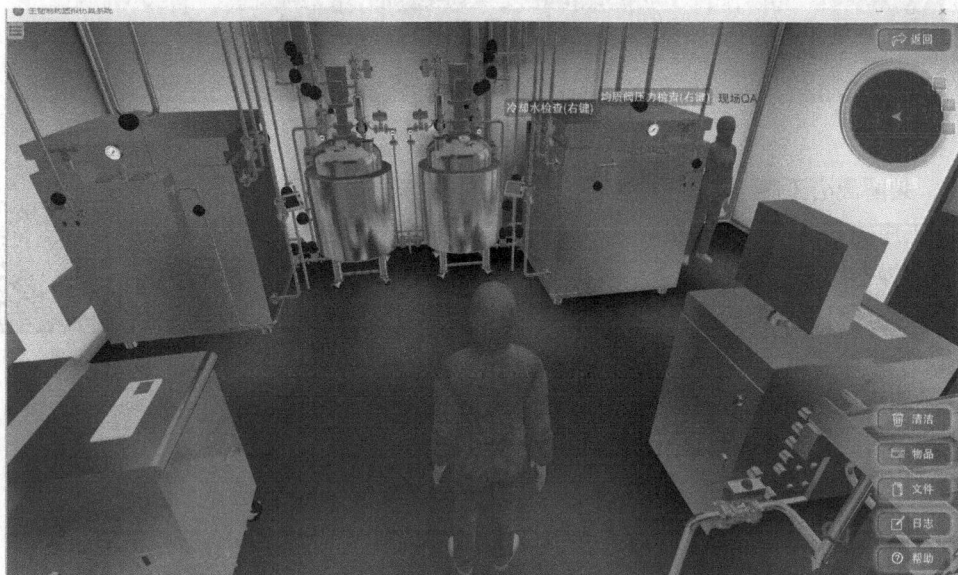

裂解离心操作
视频

图 4-4　裂解离心场景

4．超滤除菌工序

本工序的 PID 图可扫码获取。

具体操作如下：

（1）200L 变性罐清洗灭菌

① 打开 200L 变性罐电源。

② 打开 200L 变性罐 PLC 面板，进行 PLC 操作，进行 PLC 清洗工作（CIP），进行 PLC 灭菌工作（SIP）。

（2）1500L 溶解复性罐清洗灭菌

① 打开 1500L 溶解复性罐电源。

② 打开 1500L 溶解复性罐 PLC 面板，进行 PLC 操作，进行 PLC 清洗工作（CIP），进行 PLC 灭菌工作（SIP）。

超滤除菌工序
PID 图

（3）200L 变性罐使用

① 打开 200L 变性罐 PLC 面板，进行 PLC 物料溶解。

② 打开200L变性罐进料口，投入固体物料。

③ 关闭200L变性罐进料口。

④ 打开200L变性罐PLC面板，进行PLC料液转移。

（4）1500L溶解复性罐使用

打开1500L溶解复性罐PLC面板，进行PLC超滤循环操作。

（5）超滤系统使用

① 使用软管连接超滤系统与1500L溶解复性罐。

② 打开超滤系统电源。

③ 打开超滤系统PLC面板，进行检测操作。

④ 打开超滤系统PLC面板，进行PLC超滤循环操作。

（6）添加酸沉淀剂（酸沉淀蛋白）

① 前往灭菌后暂存间，领取酸沉淀剂（酸沉淀蛋白）。

② 返回超滤除菌间，放置酸沉淀剂桶于1500L溶解复性罐旁。

③ 使用软管连接酸沉淀剂桶与1500L溶解复性罐。

④ 打开1500L溶解复性罐PLC面板，进行PLC添加酸沉淀剂操作。

（7）离心收蛋白

① 打开1500L溶解复性罐PLC面板，进行PLC离心收蛋白操作。

② 前往中间暂存间，领取蛋白固体。

（8）500L蛋白溶解罐清洗灭菌

① 前往超滤除菌间，打开500L蛋白溶解罐电源。

② 打开500L蛋白溶解罐PLC面板，进行PLC清洗工作（CIP）、PLC灭菌工作（SIP）。

（9）500L蛋白溶解罐使用

① 打开500L蛋白溶解罐PLC面板，进行PLC物料溶解。

② 打开500L蛋白溶解罐进料口，投入固体物料，关闭500L蛋白溶解罐进料口。

③ 打开500L蛋白溶解罐PLC面板，进行PLC物料转移。

超滤除菌场景如图4-5所示。

超滤除菌操作
视频

图4-5　超滤除菌场景

5. 色谱纯化工序

本工序的 PID 图可扫码获取。

具体操作如下：

（1）色谱系统连接

① 使用软管连接平衡液罐与色谱系统。

② 使用软管连接洗脱液罐与色谱系统。

③ 使用软管连接蛋白溶解罐与色谱系统。

④ 使用软管连接收集罐与色谱系统。

（2）色谱系统自检

① 打开色谱系统电源。

② 启动色谱系统检测功能。

（3）500L 平衡液罐使用

① 打开 500L 平衡液罐电源。

② 打开 500L 平衡液罐 PLC 面板，进行 PLC 自检操作，进行 PLC 清洗工作（CIP），进行 PLC 灭菌工作（SIP），进行 PLC 平衡液输入操作。

（4）500L 洗脱液罐使用

① 打开 500L 洗脱液罐电源。

② 打开 500L 洗脱液罐 PLC 面板，进行 PLC 自检操作，进行 PLC 清洗工作（CIP），进行 PLC 灭菌工作（SIP），进行 PLC 洗脱液输入操作。

（5）平衡液转移

打开 500L 平衡液罐 PLC 面板，进行 PLC 平衡液输出操作。

（6）色谱系统使用

打开色谱系统 PLC 面板，进行 PLC 操作，输入平衡液，输入药液。

（7）洗脱液转移

打开 500L 洗脱液罐 PLC 面板，进行 PLC 洗脱液输出操作。

（8）药液洗脱输出

打开色谱系统 PLC 面板，进行 PLC 操作，输入洗脱液，输出收集液。

色谱纯化场景如图 4-6 所示。

色谱纯化工序
PID 图

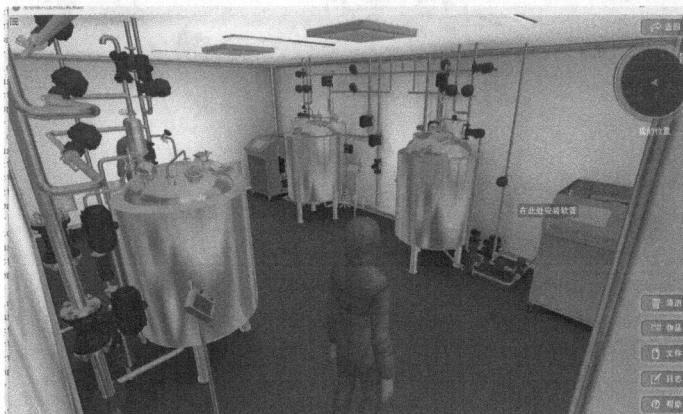

图 4-6　色谱纯化场景

6. 超滤浓缩工序

本工序的 PID 图可扫码获取。

具体操作如下：

（1）超滤系统使用

① 使用软管连接超滤系统与收集罐。

② 打开超滤系统电源。

③ 打开超滤系统 PLC 面板，进行 PLC 检测操作。

（2）500L 收集罐使用

① 前往色谱纯化间，操作 500L 收集罐。

② 打开 500L 收集罐电源。

③ 打开 500L 收集罐 PLC 面板，进行 PLC 操作，进行 PLC 清洗工作（CIP），进行 PLC 灭菌工作（SIP），进行 PLC 收集液输入操作，进行 PLC 超滤循环操作。

（3）超滤系统使用

① 前往超滤浓缩间，操作超滤系统。

② 打开超滤系统 PLC 面板，进行 PLC 超滤循环操作。

③ 使用软管连接超滤系统与 50L 移动收集罐。

④ 打开超滤系统 PLC 面板，进行 PLC 浓缩液输出操作。

⑤ 打开超滤系统出液阀。

（4）原液转移

① 关闭超滤系统出液阀。

② 拆除 50L 移动收集罐与超滤系统之间的软管。

③ 移动 50L 移动收集罐至操作台边缘。

④ 使用软管连接压缩空气管与 50L 移动收集罐。

⑤ 使用软管连接 50L 移动收集罐与除菌过滤器。

⑥ 使用软管连接除菌过滤器与储存罐。

⑦ 打开压缩空气阀门，将浓缩液过滤后转移进储存罐。

⑧ 关闭压缩空气阀门。

⑨ 拆除软管。

超滤浓缩场景如图 4-7 所示。

图 4-7　超滤浓缩场景

7. 配液工序

本工序的 PID 图可扫码获取。

配液工序 PID 图

具体操作如下:

(1) 药品称量

① 从 1-4 物料暂存间货架上取得四种药品。

② 经过 1-22 缓冲间时使用手消毒器对双手进行消毒。

③ 使用塑料袋分别对四种药品进行称量。

④ 称量完毕后用毛刷清洁天平。

(2) 设备清洗及灭菌

① 点击 PLC 电源按钮,登录 PLC。

② 进行 IO 设置并读取参数。

③ 依次点击设备自检按钮,对设备状况进行自检。

④ 在 CIP 流程中点击"启动"按钮,进行设备清洗。

⑤ 在 SIP 流程中点击"启动"按钮,进行设备灭菌。

(3) 配液

① 打开配料罐 R101 投料口,将四种物料投入罐内。

② 在 PLC 的配液流程中点击"启动"按钮,进行配液。

(4) 填写操作记录

① 填写配液记录,并提交给现场 QA。

② 将剩余的药品送回 1-4 物料暂存间。

配液场景如图 4-8 所示。

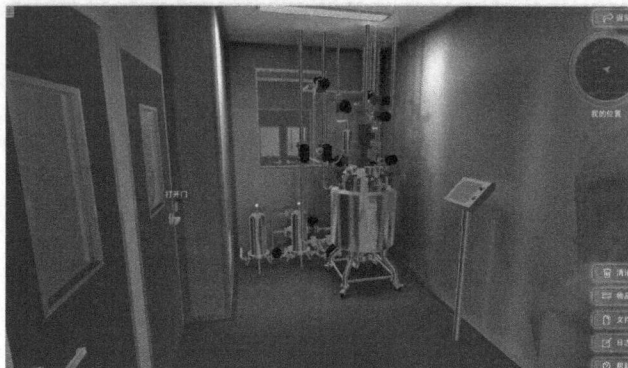

配液操作视频

图 4-8 配液场景

8. 半成品配制工序

本工序的 PID 图可扫码获取。

具体操作如下:

(1) 设备清洗及灭菌

① 点击 PLC 电源按钮,登录 PLC。

② 进行 IO 设置并读取参数。

③ 依次点击设备自检按钮,对设备状况进行自检。

半成品配制
PID 图

④ 在 CIP 流程中点击"启动"按钮，进行设备清洗。

⑤ 在 SIP 流程中点击"启动"按钮，进行设备灭菌。

（2）安装生物原液储罐

① 从"背包"中取出生物原液储罐。

② 打开生物原液储罐上的原液出口阀门和压缩空气阀门。

（3）配液

在 PLC 的配液流程中点击"启动"按钮，进行配液。

（4）填写操作记录

填写配液记录，并提交给现场 QA。

半成品配制场景如图 4-9 所示。

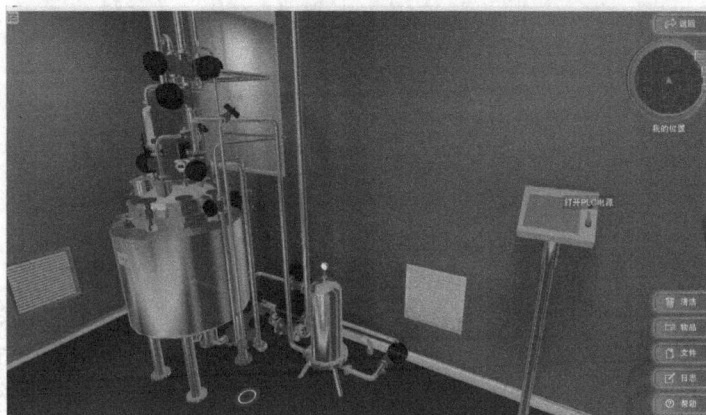

图 4-9　半成品配制场景

9. 洗烘工序

本工序的 PID 图可扫码获取。

具体操作如下：

（1）西林瓶清洗机调试

① 移开上瓶轨道 2，人员进入。

② 打开西林瓶清洗机电源。

③ 打开西林瓶清洗机 PLC 面板，进行 PLC 调试操作。

（2）隧道式灭菌烘箱调试

① 打开隧道式灭菌烘箱电源。

② 打开隧道式灭菌烘箱 PLC 面板，进行 PLC 调试操作。

（3）西林瓶清洗机自动生产

① 西林瓶清洗机运转正常，打开西林瓶清洗机 PLC 面板，进行 PLC 自动生产操作。

② 人员走出，还原上瓶轨道 2。

（4）隧道式灭菌烘箱自动生产

隧道式灭菌烘箱运转正常，打开隧道式灭菌烘箱 PLC 面板，进行 PLC 自动生产操作。

（5）生产结束

① 移开上瓶轨道 2，人员进入。

② 关闭西林瓶清洗机电源。

③ 人员走出，还原上瓶轨道 2。

④ 关闭隧道式灭菌烘箱电源。

⑤ 填写洗烘记录。

洗烘场景如图 4-10 所示。

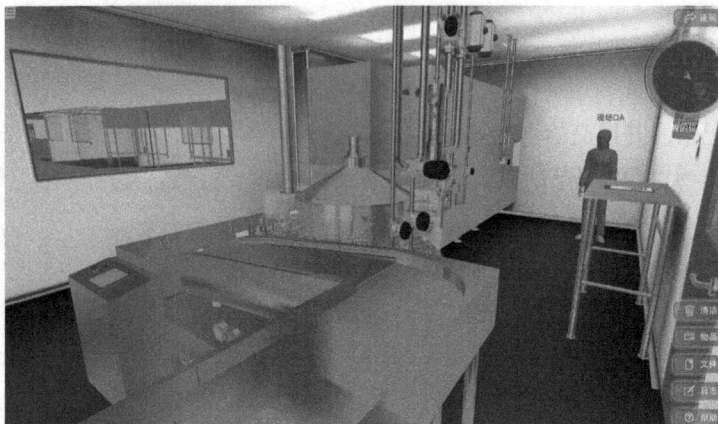

图 4-10　洗烘场景

10. 清洗灭菌工序

本工序的 PID 图可扫码获取。

具体操作如下：

（1）胶塞清洗灭菌

① 打开胶塞清洗机饮用水阀门，打开胶塞清洗机排污阀。

② 开启胶塞清洗机电源。

③ 打开胶塞清洗机 PLC 面板，进行 PLC 检测操作；打开胶塞清洗机 PLC 面板，进行 PLC 自动运行操作。

④ 退出 PLC 面板，打开胶塞清洗机进料口，将胶塞投入进料口。

⑤ 打开胶塞清洗机 PLC 面板，进行 PLC 取样操作。

⑥ 退出 PLC 面板，打开胶塞清洗机取样口，取出取样品。

⑦ 将取样品交给 QA，由 QC 进行检测。

⑧ 接收检测报告单，取样品合格即可继续运行胶塞清洗机。

⑨ 打开胶塞清洗机 PLC 面板，进行 PLC 确认取样合格操作。

⑩ 关闭胶塞清洗机饮用水阀门，关闭胶塞清洗机排污阀。

（2）原液灭菌

① 前往灭菌间，开启 VHP 灭菌柜电源。

② 打开 VHP 灭菌柜 PLC 面板，进行 PLC 检测操作。

③ 退出 PLC 面板，打开 VHP 灭菌柜门。

④ 放入原液储罐。

⑤ 关闭 VHP 灭菌柜门。

⑥ 打开 VHP 灭菌柜 PLC 面板，进行 PLC 灭菌操作。

清洗灭菌 PID 图

(3) 灌装器具清洗

① 前往清洗间，打开传递窗，取出灌装针头及硅胶管。

② 将灌装针头及硅胶管放置于水槽，拆除灌装针头及硅胶管包装。

③ 打开注射用水阀门，冲洗灌装针头及硅胶管。

④ 使用洁净布分别擦洗灌装针头及硅胶管。

⑤ 冲洗灌装针头及硅胶管，冲洗后关闭注射用水阀门。

⑥ 打开压缩空气阀门。

⑦ 关闭压缩空气阀门。

⑧ 将灌装针头及硅胶管放置于层流罩下。

⑨ 使用无菌呼吸袋分别包装灌装针头及硅胶管。

⑩ 收起包装后的灌装针头及硅胶管，前往灭菌间灭菌。

(4) 灌装器具灭菌

① 开启脉动真空灭菌柜电源。

② 打开脉动真空灭菌柜 PLC 面板，进行 PLC 检测操作。

③ 打开脉动真空灭菌柜 PLC 面板，进行开前门操作。

④ 退出 PLC 面板，将灌装针头及硅胶管放入脉动真空灭菌柜。

⑤ 打开脉动真空灭菌柜 PLC 面板，进行关前门操作。

⑥ 打开脉动真空灭菌柜 PLC 面板，选择器械灭菌后启动程序。

清洗灭菌场景如图 4-11 所示。

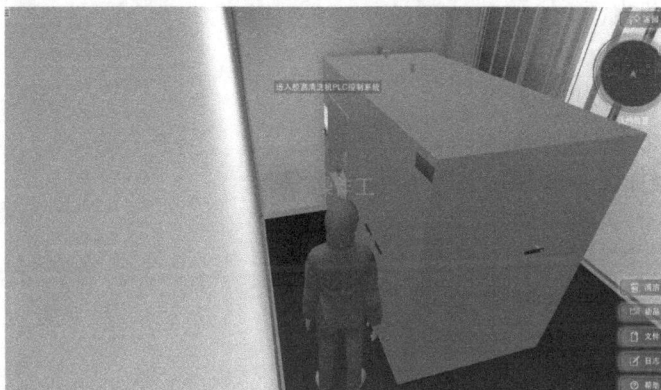

图 4-11 清洗灭菌场景

11. 灌装冻干工序

本工序的 PID 图可扫码获取。

具体操作如下：

(1) 灌装机部件安装

① 打开灭菌后暂存间的门，进入。

② 从架子上取出（带呼吸袋）灌装针头、硅胶管。

③ 打开灭菌后暂存间的门，离开。

④ 打开灌装机玻璃门 1。

⑤ 将灌装针头安装固定好。

灌装冻干 PID 图

⑥ 取出硅胶管，安装好硅胶管。

⑦ 关闭灌装机玻璃门1。

(2) 生产前消毒

① 打开灌装机玻璃门2、3。

② 取浸乙醇的丝光毛巾，擦拭理瓶盘。

③ 取浸乙醇的丝光毛巾，擦拭振荡筛。

④ 关闭灌装机玻璃门2、3。

(3) 灌装机操作

① 打开灌装机电源。

② 打开PLC面板，进行调试并试灌装12瓶。

③ 打开灌装机玻璃门9。

④ 取测试品。关闭灌装机玻璃门9。

⑤ 由QA将测试品交给QC检验装量是否正确、稳定，加塞深度是否合适。

⑥ 保持调好的状态，开始正式灌装，详见PLC操作。

⑦ 打开灌装机玻璃门9。

⑧ 抽取少量瓶。关闭灌装机玻璃门9。

⑨ 由QA交给QC检查装量等质量状况。

⑩ 生产完成，关闭电源开关。

(4) 冻干机操作

① 打开冻干机电源。

② 打开PLC面板，点击"自动"。

③ 生产完成，关闭电源开关。

④ 填写灌装记录。

罐装冻干场景如图4-12所示。

图4-12 罐装冻干场景

12. 轧盖工序

本工序的PID图可扫码获取。

具体操作如下：

轧盖PID图

(1) 生产前消毒

① 打开轧盖机玻璃门。

② 取浸乙醇的丝光毛巾，擦拭传动轴、理瓶盘、铝盖斗。

③ 关闭轧盖机玻璃门。

(2) 添加铝盖

① 打开轧盖间门，离开。

② 打开铝盖接收间门，进入。

③ 从货架上取出带呼吸袋的铝盖到"背包"中。

④ 打开铝盖接收间门，离开。

⑤ 打开轧盖间门，进入。

⑥ 移开成品外输轨道。

⑦ 打开轧盖机玻璃门。

⑧ 将铝盖倒入铝盖斗内。

⑨ 关闭轧盖机玻璃门。

(3) 轧盖机操作

① 打开轧盖机电源。

② 打开 PLC 控制面板，进行参数设置。

③ 进入手动操作，依次对各个机构进行自检，然后点击测试进行试轧盖。

④ 打开轧盖机玻璃门 3。

⑤ 取测试品，取后关闭轧盖机玻璃门 3。

⑥ 将测试品交给 QA，与 QA 共同检验铝盖质量。

⑦ 移回成品外输轨道。

⑧ 选择自动模式，开始自动生产。

⑨ 关机。

⑩ 填写轧盖记录。

轧盖场景如图 4-13 所示。

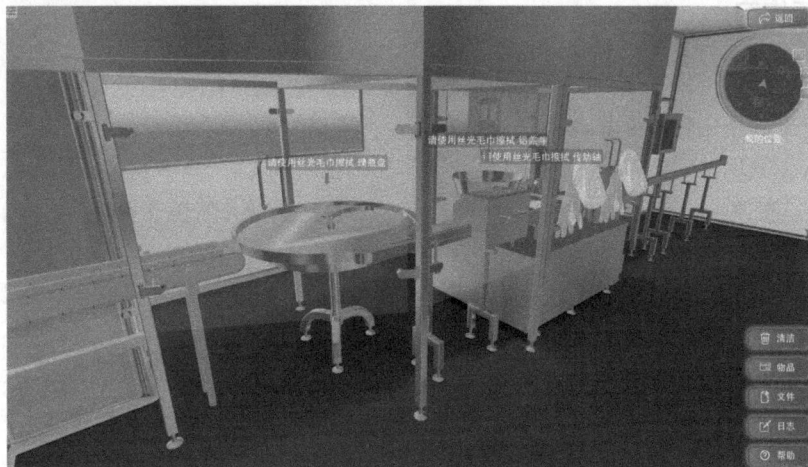

图 4-13 轧盖场景

四、注意事项

GMP 洁净区更衣流程如下：

① 进入更鞋间，坐在更鞋柜上，脱下一般生产区工作鞋，根据编号将鞋放入外侧鞋柜内，双脚脱鞋后不得接触地面，抬起双脚，转体 180°，从内侧鞋柜内取出过渡拖鞋，穿上。

② 进入脱外衣洗手间，脱去一般生产区工作服挂在衣柜的衣架上（脱衣顺序为先脱衣服再脱帽），走到洗手池前，打开饮用水龙头，双手反复揉搓手心、手背及指间来清洗双手，用干手器将手吹干。

③ 进入更洁净内衣间，跨步穿上洁净拖鞋，从衣架上取出相应编号的 B 级洁净区的无菌内衣，检查无误后，按照从上到下的穿衣原则，戴好一次性消毒头套，穿上无菌内衣。

④ 进入更洁净外衣间，先将一次性无菌头套、无菌口罩、无菌手套戴好，到衣架前将无菌外衣、无菌袜套从洁净袋内取出，检查无误后，按照从上到下的穿衣原则，先将无菌外衣穿好，再穿无菌袜套，将裤腿套入无菌袜套内，将袖口塞进无菌手套内，最后将戴好手套的双手伸至免接触自动手消毒器下 5~10cm 处，喷头则将消毒液喷洒到相应的部位，双手相互搓揉 5min。

着装要求：应当用头罩将头发以及胡须等相关部位全部遮盖，头罩应当塞进衣领内，应当戴口罩以防散发飞沫，必要时戴防护目镜。应当戴经灭菌且无颗粒物（如滑石粉）散发的橡胶或塑料手套，穿经灭菌或消毒的脚套，裤腿应当塞进脚套内，袖口应当塞进手套内。工作服应为灭菌的连体工作服，不脱落纤维或微粒，并能滞留身体散发的微粒。

灌装药液管道、灌装针头、容器具、洁具等生产相关物品使用前应检查灭菌标签，确认其在灭菌有效期内 A 级层流保护下存放。

层流罩是能将操作员与产品屏蔽隔离的设备之一，其主要用途是避免产品污染。从洁净室吸取的空气，采用顶部增压舱里安装的风扇通过高效率空气微粒子（HEPA）过滤垂直穿过操作区域，为关键区域提供 A 级洁净区的单向流空气，废气从下面排出，返回洁净室区域。它主要由箱体、风机、高效空气过滤器、阻尼层、灯具等组成。

课后练习

1. 单选题

（1）使用二氧化碳灭火器时，人应站在（　　）。

    A. 上风向   B. 下风向

    C. 随意   D. 根据具体情况确定

（2）下列有关压力容器检验的做法中，不安全的是（　　）。

    A. 实施检验前，确认扶梯、平台、脚手架、射线防护等符合安全作业要求，设置了安全警戒标志

    B. 设备内部介质已放空，对其内部残留的易燃介质用空气进行置换

    C. 关闭所有连接被检设备的阀门，用盲板隔断所有液体、气体或蒸汽的来源

    D. 检验人员进入压力容器内部时，外部有人进行监护

（3）发生火灾时，首先要保持冷静，并用（　　）捂住口鼻，采取匍匐前进或低头弯腰

的方法迅速朝安全出口的方向逃离火灾现场。

    A. 湿毛巾   B. 手   C. 干毛巾   D. 被子

（4）下列（　　）是扑救精密仪器火灾的最佳选择。

    A. 二氧化碳灭火剂   B. 干粉灭火剂   C. 泡沫灭火剂

（5）下列三种毒气（　　）是无色无味的。

    A. 氯气   B. 一氧化碳   C. 二氧化硫

（6）灌装机现场操作原始记录由（　　）填写。

    A. 操作者   B. 单位指定专人   C. 值班长   D. 技术人员

（7）灌装车间湿度要求在（　　）范围内。

    A. 20%～30%   B. 40%～60%   C. 30%～70%   D. 50%～80%

2. 多选题

（1）开启发酵罐自动清洗程序时应确认（　　）。

    A. 罐内无操作人员

    B. 发酵液已经放出

    C. 电极等耗材已拆卸并妥善保存

    D. 空气压缩机正常工作

    E. 各手动阀门已调整到位

（2）发酵过程染菌时，应（　　）。

    A. 检查空气过滤装置是否损坏需更换

    B. 检查发酵罐气密性，更换漏气部分密封件

    C. 彻底清洗发酵罐并进行空罐消毒

    D. 更换生产用水

（3）发酵罐开机时应确保（　　）已打开，并正常工作。

    A. 空气压缩机   B. 蒸汽发生器   C. 超净工作台   D. 离心机

第二节　生物制品 A 生产虚拟仿真实训

一、产品概述

1. 产品含义

以冷冻干燥法制备的注射用无菌粉末，也可称为注射用冻干制剂。该类制剂是将无菌药品溶液迅速降温至共晶点以下，再在真空条件下加热，通过升华的方式除去水分，制备成冻结状态良好的无菌粉针注射剂。

2. 产品特点

注射用冻干制剂具有适用于热敏性药物、含水量低、可提高药物稳定性、复溶性良好、便于贮藏和运输等优点，但目前仍存在制备成本高、干燥时间长、过程能耗高等挑战。

二、工艺流程简介

1. 工艺设计

冻干粉针剂的基本生产工艺流程：配液→无菌过滤→灌装→冻干→轧盖→灯检→外包。此外，还包括西林瓶清洗、灭菌与干燥，胶塞清洗、灭菌与干燥，以及铝盖的处理等。

产生可见异物风险的工艺关键点有：配液、无菌过滤、灌装、冻干，以及西林瓶清洗、灭菌与干燥，胶塞清洗、灭菌与干燥。由于轧盖后的产品处于密封状态，所以基本不会产生外源性的可见异物。

在涉及人/物流操作方面，应尽量减少不必要的重复动作，流程设计应精简，避免人/物流通道内人员频繁走动，以防产尘过多。同时，清场流程设计时，需要注意交叉污染，要从高级别到低级别进行清洁和消毒。

2. 工艺布置

（1）生产环境卫生

国家对冻干粉针剂的生产环境要求很高，因为生产环境对其质量有着直接影响。对生产环境定期清洁消毒，以保证生产环境满足质量要求；灌装系统及冻干设备的清洗灭菌及使用，遵循验证的方法及时限规定，以提高系统的灭菌效果；隧道烘箱灭菌经过验证，能够提高灭菌的效果；灌装过程加强对环境的控制，同时规范人员的操作行为；加强对半加塞后产品入箱操作的控制、入箱环境的控制等。从生产全过程入手，控制环境，规范人员行为，并且制定合理的人流及物流路径，避免交叉污染，从而使得各个环节都符合产品质量的要求。

（2）层流设置

冻干工序主要包括对西林瓶进行清洗、灭菌、灌装、半加塞、入箱及轧盖过程，这些过程都应该符合质量要求。药品生产质量管理规范中，非最终灭菌产品处于未完全密封状态下的操作和转运，如产品灌装（或灌封）、分装、压塞、轧盖等均应处于 B 级背景下的 A 级环境中进行，若产品已经压塞，轧盖操作可选择在 C 级或 D 级背景下的 A 级送风环境中进行。

（3）自动装载与卸载系统

使用大部分操作无需操作者参与的自动装载和卸载系统，可降低质量风险，确保整个产品处理过程在 A 级环境中进行，减少无菌区的人员数量，符合国家监管机构对于防止污染的灭菌和安全方面的要求。冻干机应配备一个装载/卸载门，以整合冻干机与隔离器，产品通过装载/卸载门进出冻干机，所以隔板必须可移动，从而实现每个隔板在装载过程中依次出现。采用自动轨道传输、自动导向运输车、推拉系统等实现产品的自动进料。卸载过程与装载过程相反，一般采用自动轨道传输。

3. 设备选择

（1）符合药品生产要求

冻干粉针剂生产设备能力的选择要符合药品生产的工艺要求，满足产品质量的需求，如可考虑设备的真空度范围、温度范围、捕水能力等指标。在保证操作便捷、模块化的基础上，操作软件符合现有计算机系统法规的要求，应设有不同权限的密码保护、密码策略、审计追踪等功能，电子记录应符合相应要求。设备的表面材料不能与药品发生反应，内表面应尽可能整洁光滑，便于清洁。无菌药品对于设备的要求更高，材质应选择低碳不锈钢，环保且生产更安全。在进行生产过程中，对设备的传动部件来说，密封是必要的，从而防止工作室内的润滑油等物质泄漏，更好地保障药物的质量和纯度，减少经济损失。设备的板层材质、粗糙度与平整度等可能影响产品的压塞及产品的水分，应统筹考量。

（2）选择升级系统设备

在选择制药设备时，应选择系统性能较高的设备，并且尽可能选择配有在线清洗、灭菌系统的设备。清洗及灭菌阀门的自动化，操作模块化，使得操作更加便捷。无菌室内的设备应满足杀菌的基本要求，合理地设置温度探头测试点并遵循风险评估的原则，从而使设备的运行能够更加准确，提高药品质量。根据实际的需要进行合理调节，可促进生产效率的提高。

（3）操作简单

在使用设备完成生产之后，对设备进行清洗是必不可少的。因此，要选择清洗无死角的设备，清洗程序经过验证，确保清洁效果，从而保证产品质量；管路的连接选择快卸式连接，拼接简单；设备和设备之间应保持安全距离，不仅方便实际的操作，在出现问题时，也能够方便及时地检修，减少经济损失。

冻干粉针剂生产工艺流程、参数及质量控制与环境区划示意

4. 工艺流程框图

冻干粉针剂生产工艺流程、参数及质量控制与环境区划示意可扫码获取。

三、生产工艺操作虚拟仿真

1. A/B 级人员更衣

（1）一更

① 进入更鞋间，查看时钟，确认当前时间，填写人员进出登记表，注意时间填写准确。

② 将一般区域的鞋子脱下，更换洁净区用鞋。

③ 使用感应水龙头对手部进行清洗（图 4-14）。

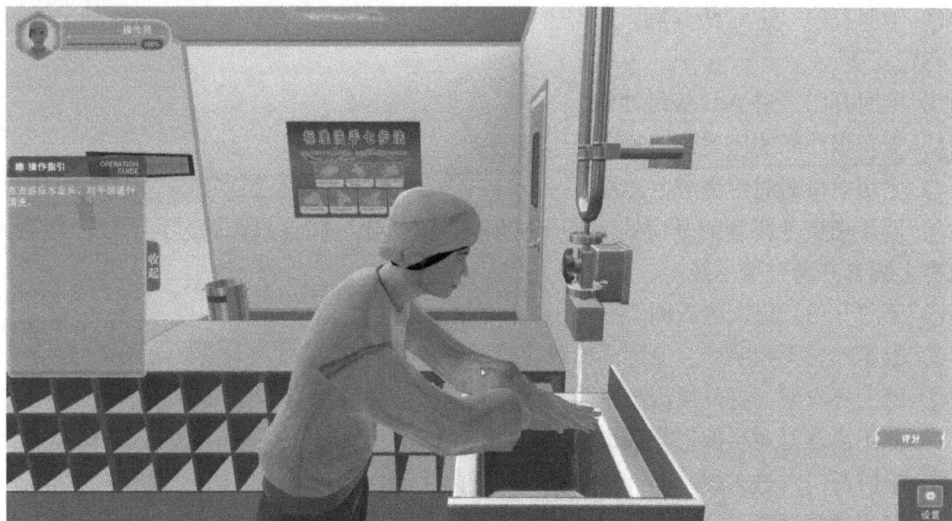

图 4-14 手部清洗

④ 使用烘手器烘干双手。

⑤ 用肘部开更衣间门，进入更衣间，脱去一般区域的工作服。

⑥ 使用消毒器对手部进行消毒。

⑦ 自然晾干后，跨上更衣地架。

⑧ 取出更衣柜内洁净服，更换洁净服（图4-15）。

图4-15　穿戴内洁净服

（2）二更

① 使用消毒器对手部进行消毒。

② 用肘部开更衣间门，进入更衣间。

③ 自然晾干后，跨上更衣地架。

④ 取出更衣柜内洁净服，进行更衣操作。

⑤ 使用消毒器对手部进行消毒。

⑥ 手肘开门，进入缓冲间。

⑦ 手肘开门，进 C 级走廊。

（3）三更

① 手肘开门，进 A/B 级缓冲间。

② 查看缓冲间的压差，填写房间压差记录。

③ 使用消毒器对手部进行消毒。

④ 用手指按住脚套的开口处，展开并套在一只脚上，将这只脚跨过警示线，然后另一只脚套上脚套并跨过警示线。

⑤ 手肘开门，进入更衣间。

⑥ 戴第一层无菌手套，使用酒精喷壶对手部进行消毒。

⑦ 跨上更衣架，打开层流小车门，穿戴无菌服（图4-16）。

⑧ 使用消毒器对手部进行消毒。

⑨ 手肘开门，进入缓冲间，穿戴第二层无菌手套。

⑩ 使用酒精喷壶对全身消毒。自然晾干后，方可进入灌装间。

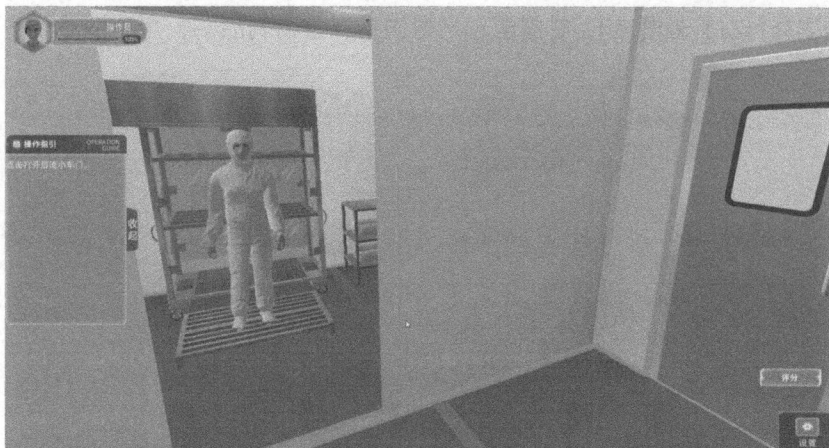

图 4-16 穿戴无菌服

2. 领料称量

（1）生产前检查

① 查看清场合格证副本，确保生产现场在清洁有效期内。

② 进入称量间检查生产现场，确认生产现场无与本批生产无关的物品，所用设备设施表面清洁无残留（图 4-17）。

图 4-17 地架确认

③ 检查电子秤、压差计、温湿度计校验合格证。

④ 读取压差计、温湿度计示数，确认生产现场压差、温湿度在合格范围内。

⑤ 核对本批生产记录是否齐全，填写批生产记录领取确认表。

⑥ 生产现场确认完毕，填写生产前检查表，从 QA 质检员处领取生产许可证，并将生产许可证放到门口的状态标识牌内。

（2）称量操作

① 领取物料

a. 前往原辅料暂存间领取物料，核对原辅料信息（图 4-18），填写领料单，确认无误签字。

b. 领取物料右旋糖酐 40、甘露醇、枸橼酸钠、生物制品 A，用小推车转移至前室暂存区。

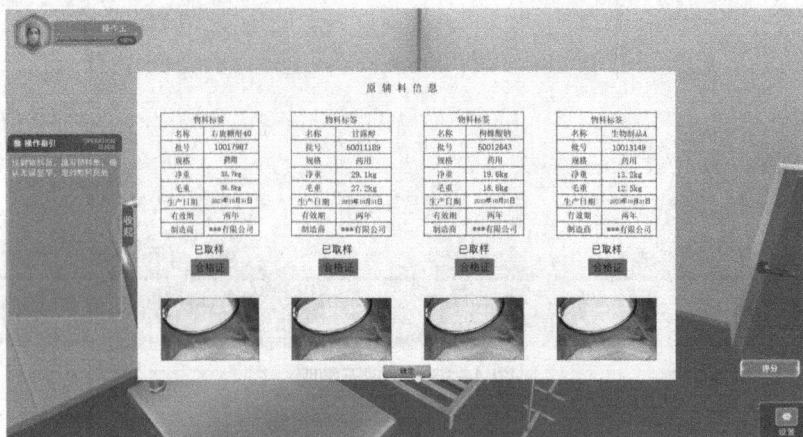

图 4-18　原辅料信息查看

② 称量物料

a. 打开负压称量罩，形成静压差≥5Pa。

b. 取下台秤上"已清洁"状态标识，换上"运行中"状态标识。

c. 打开台秤，预热 3～5min。

d. 称量前对台秤进行校验，并填写校验记录，由 QA 质检员进行复核签字。

e. 将洁净的周转桶放置在台秤上，去皮。称量人认真核对物料名称、规格、批号、数量等，确认无误后按规定的方法和生产配料单的定额称量、记录并签名（图 4-19）。

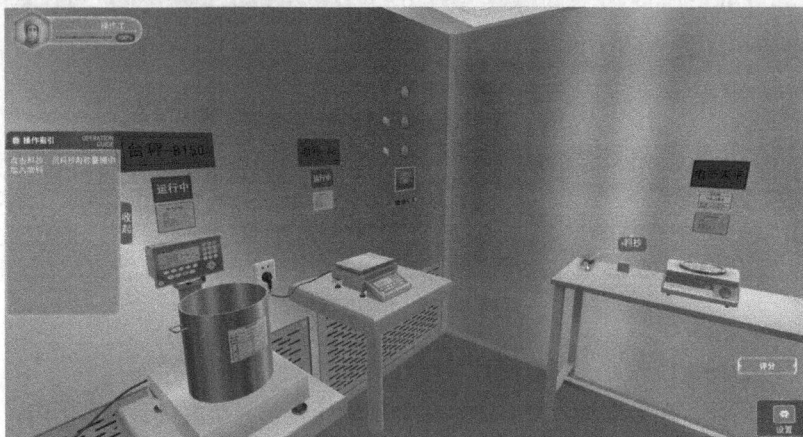

图 4-19　称量操作

f. 核对称量后的物料名称、质量，确认无误后记录、签名。

g. 将称好的批量原辅料装入洁净的桶中，放上"配料"标签，转移到下一工序。

h. 关闭台秤，取下台秤的"运行中"状态标识，换上"待清洁"状态标识。

③ 退回剩余物料

将暂存区剩余物料标明剩余量，送回原辅料暂存间，填写物料退回单。

（3）清场

① 清洁台秤，清洁后取下台秤的"待清洁"状态标识，换上"已清洁"状态标识。

② 清洁料抄、药匙等设备。

③ 关闭负压称量罩。

④ 填写清场记录（图 4-20）。

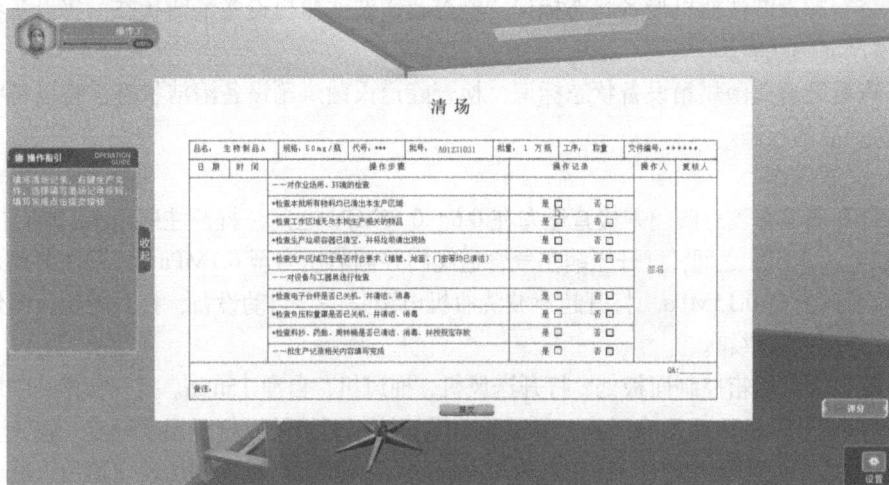

图 4-20 清场记录填写

⑤ 填写清场合格证正本、副本，QA 质检员检查合格后签字。

⑥ 将清场合格证副本放入门外的生产状态标识牌内。

3. 洗瓶灭菌

（1）生产前检查

① 检查清场合格证副本，确保生产现场在清洁有效期内。

② 进入洗瓶间检查生产现场，确认生产现场无与本批生产无关的物品，所用设备设施表面清洁无残留（图 4-21）。

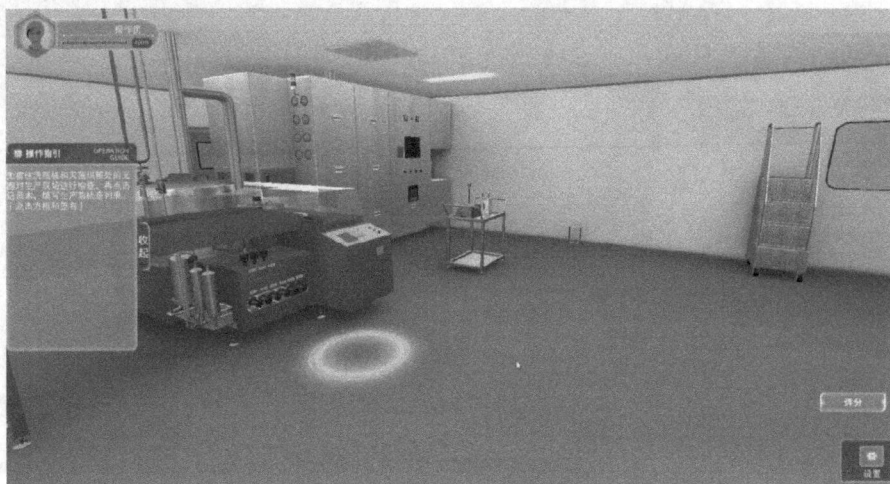

图 4-21 生产现场确认

③ 检查压差计、温湿度计校验合格证，读取压差计、温湿度计示数，确认生产现场压差、温湿度在合格范围内并记录。

④ 填写生产前检查表，由 QA 质检员进行复核并发放生产许可证。

⑤ 将生产许可证放入洗瓶间门外的状态牌内。

⑥ 使用电话通知上瓶间准备生产，确保西林瓶到位。

⑦ 查看超声波洗瓶机设备状态标识，检查超声波洗瓶机设备清洁状态，将设备状态修改为本次产品的状态。

⑧ 查看隧道灭菌烘箱设备状态标识，检查隧道灭菌烘箱设备清洁状态，将设备状态修改为本次产品的状态。

（2）洗瓶操作

① 打开压缩空气总阀门并检查压力在 0.6～0.65MPa 之间；打开注射用水总阀门并检查压力在 0.4～0.5MPa 之间；打开压缩空气管道阀门并调节压力至 0.1MPa；打开注射用水管道阀门并调节压力至 0.15MPa。打开超声波洗瓶机电源开关，启动设备；打开隧道灭菌烘箱电源开关，开启灭菌烘箱。

② 隧道灭菌烘箱控制面板处，打开送风机、抽风机，自净 15min。打开初段、中段或后段控制阀，调节风机转速及静压差。隧道灭菌烘箱控制面板处，打开温度设定，输入预热段温度为 150℃，高温段温度为 320℃，冷却段温度为 50℃。待温度到达设定值后，履带将自动调整到运行状态。

③ 待水流到传送带下端时，打开超声波洗瓶机登录面板，登录到超声波洗瓶机控制面板，通过超声波洗瓶机控制面板，开启水泵。打开循环水总阀，开启循环水阀门并设定压力至 0.25MPa。打开循环水管道阀门。打开喷淋水管道阀门。

④ 通过超声波洗瓶机控制面板，打开温度控制，设置温度为 42～50℃。通过超声波洗瓶机控制面板，开启输瓶电机。通过超声波洗瓶机控制面板，启动主机。启动超声波，设定超声波频率为 28kHz±1.5kHz，开启超声清洗（图 4-22）。

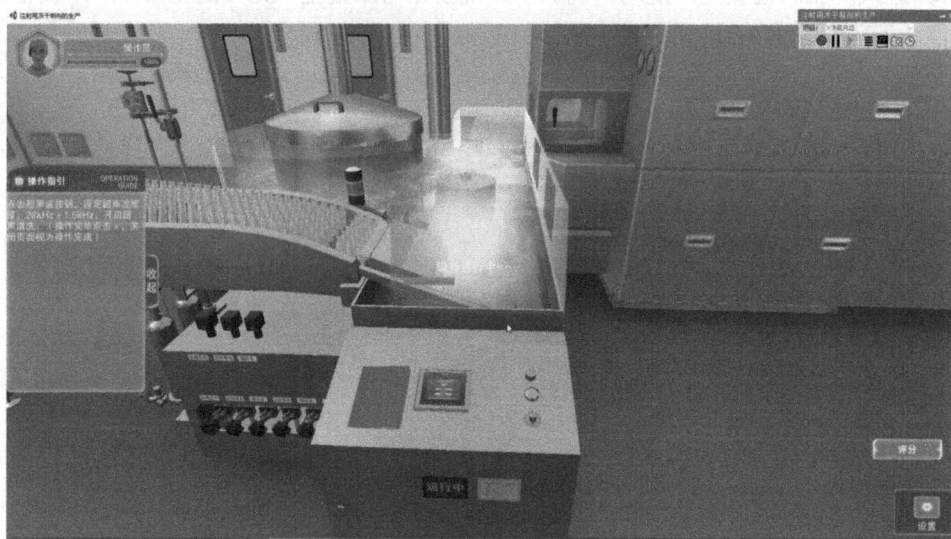

图 4-22 超声波洗瓶机运行

⑤ 打开超声波洗瓶机取样门，QA 质检员对西林瓶的清洗效果进行检查确认。

⑥ 通过超声波洗瓶机控制面板，进行生产操作，生产速度设置 100。烘箱满载后，使用电话通知 QA 抽样检测不溶性微粒。

⑦ 使用超声波洗瓶机控制面板，开始生产操作，生产速度输入 200，自动运行。

⑧ 生产结束，停止设备运行。关闭隧道灭菌烘箱电源开关，关闭灭菌烘箱。

⑨ 通过超声波洗瓶机控制面板，停止温度控制，停止清洗设备运转。

⑩ 依次关闭输瓶电机、水泵、超声波以及注射用水、压缩空气、循环水、喷淋水管道阀门。

（3）清场

① 按照设备的清洗规程清洗设备，并填写清洗记录。

② 更改隧道灭菌烘箱和超声波洗瓶机设备状态标识，将生产设备状态修改为"已清洁"状态（图 4-23）。

图 4-23　设备状态修改

③ 对生产区域进行清洁和消毒后，填写清场记录。

④ 填写清场合格证正、副本，由 QA 质检员复查，并签字确认。

⑤ 将清场合格证副本放入门外的生产现场状态牌内，更改生产现场状态标识。

4. 配液

（1）生产前检查

① 检查清场合格证副本，确保生产现场在清洁有效期内。

② 进入配液间检查生产现场，确认生产现场无与本批生产无关的物品，所用设备设施表面清洁无残留（图 4-24）。

③ 检查压差计、温湿度计校验合格证，读取压差计、温湿度计示数，确认生产现场压差、温湿度在合格范围内并记录。

④ 填写生产前检查表，由 QA 质检员进行复核并发放生产许可证。

⑤ 将生产许可证放入配液间门外的状态牌内。

图 4-24　暂存区检查

（2）配液操作

① 领取本批生产所需的原辅料，核对物料名称、数量是否与领料单一致。连接过滤器完整性检测仪与除菌过滤器连接管道，对除菌过滤器进行完整性检测。打开检测仪开关，启动完整性检测仪。开启氮气阀门，用氮气检验。使用完整性检测仪上的泡点检测，对除菌过滤器进行完整性测试。拆除过滤器完整性检测仪与除菌过滤器连接管道，并连接另一除菌过滤器，进行完整性测试。检测完毕，关闭氮气阀门，关闭检测仪开关，拆除管道并且将设备关机。打开控制台开关，启动配液系统，准备生产。更换控制台上的设备状态标识。

② 通过控制台面板，打开进冷凝器阀，打开注射用水进冷凝器阀门，根据批生产记录操作指令调节注射用水温度为 60℃（图 4-25）。打开注射用水阀，根据批生产记录操作指令向配制罐加入注射用水 145kg。启动配制搅拌电机，开启配制罐搅拌，根据批生产记录操作指令设定转速 300r/min。

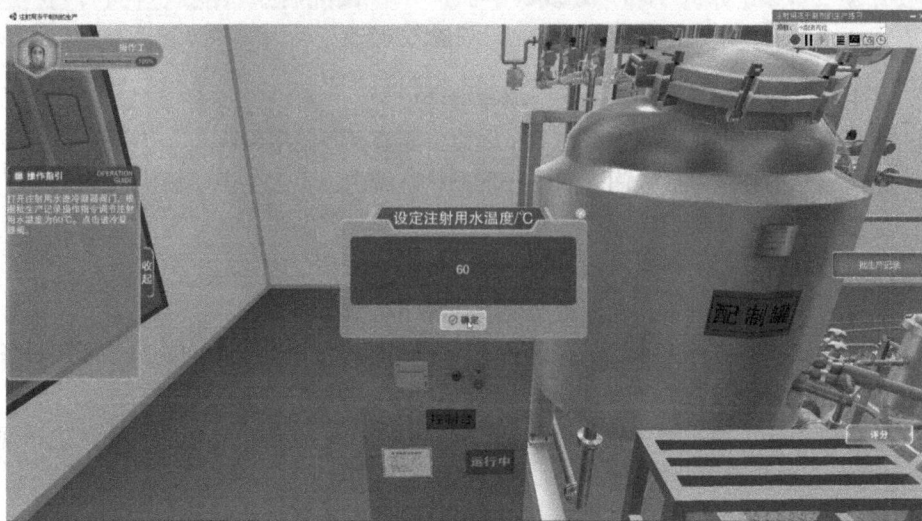

图 4-25　注射用水温度设定

③ 领取暂存区的右旋糖酐 40，向配制罐中加入 6.5kg 右旋糖酐 40。通过控制台面板，启动冷却水阀，开启冷凝水，根据批生产记录操作指令调节温度为 15～25℃。通过控制台面板，关闭冷却水阀。领取暂存区的甘露醇，向配制罐中加入 7.2kg 甘露醇。领取暂存区的枸橼酸钠，向配制罐中加入 800.0g 枸橼酸钠。

④ 通过控制台面板，启动 pH 检测，检测配制罐中料液的 pH 值。通过控制台面板，启动 pH 调节，根据批生产记录操作指令加入盐酸，调节 pH 值至 3.5～3.8。pH 调节完毕，关闭 pH 调节。

⑤ 领取暂存区的生物制品 A，向配制罐中加入 500.0g 生物制品 A（图 4-26）。料液配制完毕，打开除菌过滤器上方的转料阀，通过除菌过滤器转移至缓冲罐中。通过控制台面板，打开配制罐底阀和配制输液泵，打开配制氮气阀。料液转移完毕，通过控制台面板，关闭配制输液泵、配制搅拌电机、配制氮气阀、配制罐底阀。料液转移完毕，关闭除菌过滤器上方的转料阀。

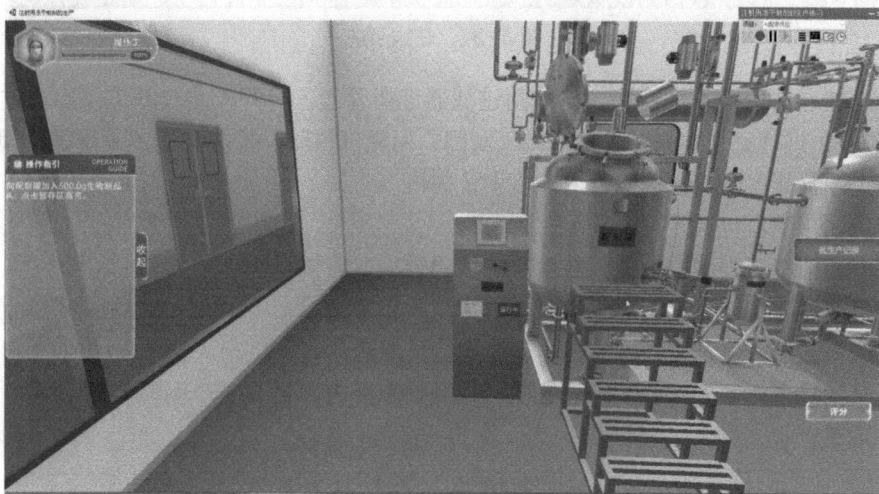

图 4-26　生物制品加入

⑥ 打开缓冲罐侧后方的取样前阀，进行取样。打开取样检测阀门，打开缓冲罐取样口，对料液进行中间体取样。取样完毕，关闭取样前阀。

⑦ 将样品交至 QA 质检员，由 QA 送至 QC 进行检验（样品检测项包括：性状、pH、含量、密度）。

⑧ 通知灌封准备转料，连接转料管道。打开灌装转料阀和除菌过滤器连接阀，通过除菌过滤器打料至下一工序。

⑨ 通过控制台面板，打开缓冲罐底阀、缓冲输液泵、缓冲氮气阀。输送完毕，通过控制台面板，关闭缓冲输液泵、缓冲氮气阀、缓冲罐底阀。

⑩ 生产完毕，打开记录桌上的记录本，填写生产记录。

（3）清场

① 开始清场，连接排污管道，打开排污阀、取样前阀、转料阀。通过控制台面板，启动在线清洗（图 4-27）。

② 启动在线灭菌，对配制罐和缓冲罐进行在线灭菌。

③ 清洗、灭菌完毕，关闭转料阀、取样前阀、除菌过滤器连接阀、排污阀、灌装转料阀。

图 4-27　在线清洗

④ 连接过滤器完整性检测仪与除菌过滤器连接管道。打开检测仪开关，启动过滤器完整性检测仪，进行完整性测试。打开氮气阀门，用氮气检验，检测完毕，关闭氮气阀门。

⑤ 关闭检测仪开关，拆除管道，将设备关机。

⑥ 关闭控制台电源开关，关闭控制台。

⑦ 按照清洗规程清洗设备，并填写清洗记录。

⑧ 更改设备状态标识，对生产区域进行清洁和消毒。

⑨ 填写清场合格证正、副本，由 QA 质检员复查，并签字确认。

⑩ 将清场合格证副本放入门外的生产现场状态牌内，更改生产现场状态标识。

5. 灌装

（1）生产前检查

① 检查清场合格证副本，确保生产现场在清洁有效期内。

② 进入灌装间检查生产现场，确认生产现场无与本批生产无关的物品，所用设备设施表面清洁无残留（图 4-28）。

图 4-28　生产现场检查

③ 检查压差计、温湿度计校验合格证，读取压差计、温湿度计数，确认生产现场压差、温湿度在合格范围内并记录。

④ 填写生产前检查表，由 QA 质检员进行复核并发放生产许可证。

⑤ 将生产许可证放入灌装间门外的状态牌内。

（2）灌装操作

① 检查灌装机和层流车压差计，生产前确认层流车、灌装间层流、缓冲间层流罩已开启运行。

② 打开悬浮粒子采样器开关，开启悬浮粒子采样器（图4-29）。打开灌装机内的在线悬浮粒子采样器，取下采样器外帽。打开浮游菌采样仪，将培养皿放到浮游菌采样仪内。放置沉降碟进行沉降菌检测。

图4-29　采样器开启

③ 去除手套支架，使手套自然垂落。

④ 前往灭菌后室，打开灭菌柜的门，领取灌装针头、硅胶管放到层流车。然后前往灌装间放置层流车，安装灌装针头和硅胶管。前往灭菌后室，领取振荡斗和胶塞锅，并前往灌装间进行安装。

⑤ 到胶塞清洗机出料口处，领取胶塞放入层流车，将层流车转移到胶塞斗处，将胶塞放入灌装机自净10min，然后加入上料斗。打开阀门，接收药液。

⑥ 根据检测报告单，计算正确灌装量为12.5g。

⑦ 打开灌装机和自动进出料系统的开机旋钮，灌装机和自动进出料系统开机。打开灌装机主菜单界面，启动操作参数，核对灌装机参数，核对完毕后关闭。打开自动进出料系统主菜单界面，启动装箱。

⑧ 打开灌装机主菜单界面，启动理瓶盘、出瓶网带、全灌，进行空运转调试。打开灌装机主菜单界面，启动装量设定，输入每个针头的灌装量12.5g。打开灌装机主菜单界面，依次选择无瓶不灌、无瓶不加塞、半加塞、自动操作。

⑨ 打开灌装机主菜单界面，启动振荡斗、真空泵，开始进行半压塞。打开灌装机主菜单界面，启动取样，进行灌装量检测（图 4-30）。

图 4-30　灌装量检测

⑩ 灌装操作完成，灌装机停机。灌装结束，接下来进入冻干工序，操作人员走到装箱小门位置查看装箱操作。

（3）清场

① 放出储液罐剩余的料液做废液处理。

② 将剩余的胶塞放入专用袋，通过待洗物品出房间的传递窗将其传出灌装间（图 4-31）。

图 4-31　传递窗胶塞传递

③ 拆除灌装针头、硅胶管、振荡斗等，将其通过待洗物品出房间的传递窗传出。

④ 按照设备的清理规程清洗设备，并填写清洗记录。

⑤ 更改设备运行状态，更换设备运行状态标识牌。

⑥ 填写清场合格证正本、副本，QA 质检员检查合格后签字。

⑦ 更改生产现场状态标识，将清场合格证副本放入生产现场状态牌内。

6. 冻干

（1）生产前检查

① 查看门口的清场合格证副本，确认冻干间是否在清场有效期内。

② 查看温湿度计，检查房间内温湿度是否在合格范围内。

③ 查看压差计，检查压差表是否在合格范围内。

④ 检查地面、门、窗户是否洁净。

⑤ 前往 1 号冻干机，打开 1 号冻干机的门，检查生产现场有无上一批次物料、器具（图 4-32）。

图 4-32 冻干机检查

⑥ 查看冻干机状态标识，检查 1 号冻干机设备是否挂有"已清洁"标识。

⑦ 生产前检查结束，前往冻干控制室，打开生产文件，填写生产前检查表。

⑧ 生产现场确认完毕，走到冻干间门口，将房间状态标识卡换为"正在生产中"。

（2）冻干机操作

① 进入冻干机电脑主界面，输入用户名和密码，登录冻干机操作系统。

② 进入 1 号冻干机的电脑参数设置界面，点击"配方管理"按钮。根据批生产指令，输入板层控温 15℃、第 1 阶段预冻温度-50℃、第 2 阶段预冻温度-50℃，启动"配方下载"（图 4-33）。

③ 启动设备控制。

④ 启动自动冷冻。

⑤ 输入产品名称和批号。

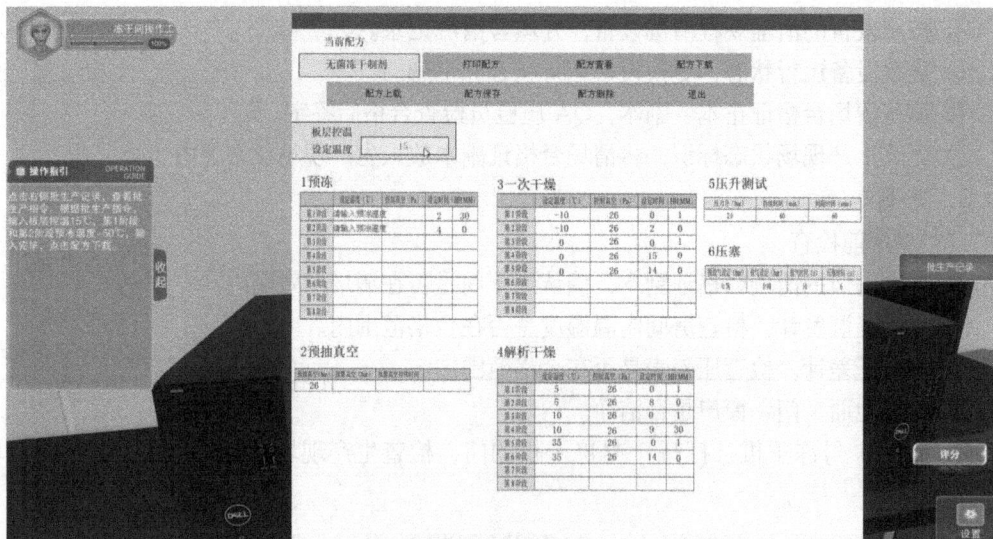

图4-33 参数设定

⑥ 板层温度已设置成15℃，设置为自动启动。

⑦ 冻干结束，停止设备控制。

⑧ 停止自动冷冻，开始进行压塞和出料。

（3）清场

① 进入冻干机电脑参数设置界面，启动"在线清洗"，设备开始在线清洗。

② 启动"在线灭菌"按钮，灭菌温度输入121℃，灭菌时间输入30min。

③ 对冻干机进行清洁：清洁冻干机设备部件，对冻干机外表面进行擦拭（图4-34）。

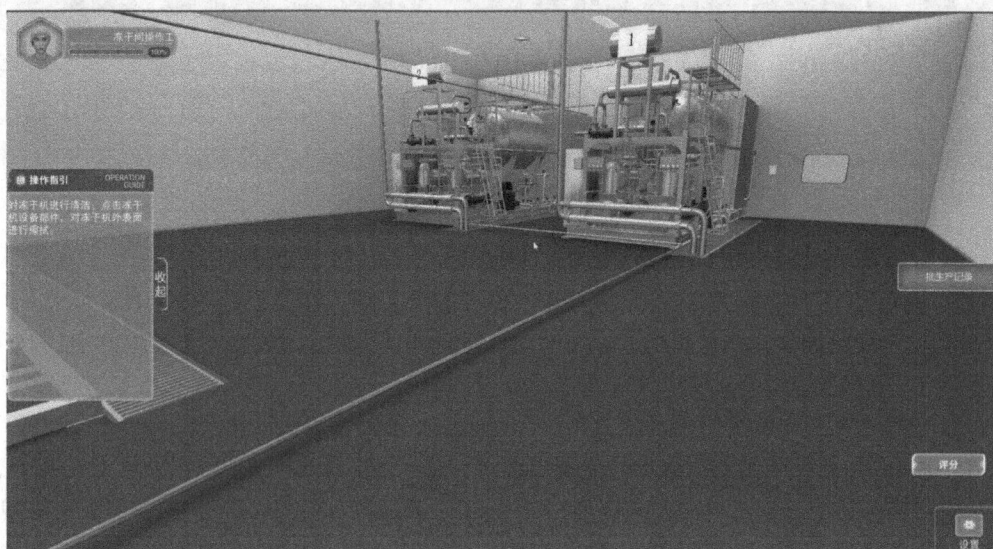

图4-34 冻干机清洁

④ 走到冻干控制室，打开生产文件，操作人员填写清场记录，并找复核人和QA签字。

⑤ 填写清场合格证正本、副本，QA检查合格后签字。

⑥ 更改生产现场状态，将清场合格证副本放入生产现场状态牌内。

四、注意事项

① 纯化水、注射用水储罐呼吸器滤芯（滤膜）在更换前、后应进行完整性测试，以证明滤芯（滤膜）在使用前和使用过程中均处于完好状态。

② 干燥设备的进风处应当设有空气过滤器，排风处应当设有防止空气倒流装置。

③ 一次接收数批次的物料时，应当按批取样、检验、放行。

④ 生产用模具的采购、验收、保管、维护、发放及报废应当制定相应操作规程，设专人专柜保管，并有相应记录。

⑤ 设备所用的润滑剂、冷却剂等应当尽可能选择食用级或与之级别相当的产品。

⑥ 在干燥物料或产品，尤其是高活性、高毒性、高致敏性物料或产品的生产过程中，应当采取特殊措施，以防止粉尘的产生和扩散。

⑦ 设备运行确认应在一种或一组运行条件下进行，包括设备运行的上、下限，必要时采用最差条件进行确认。

⑧ 对于非最终灭菌产品，处于未完全密封状态下产品的操作和转运，应该在 B 级背景下的 A 级洁净环境中完成。

⑨ 无菌生产的隔离操作器所处环境至少为 D 级洁净区。

⑩ 无菌制剂工器具干热灭菌过程中，应当对灭菌温度、灭菌时间、腔室内外压差进行记录。

⑪ 选择除菌过滤器时，过滤器不得与产品发生反应、释放物质或发生吸附作用而对产品质量产生影响。

课后练习

1. 单选题

（1）GMP 实施原则：（　　）。
A. 有章可循　　B. 照章办事　　C. 有据可查　　D. 以上都是

（2）仪器仪表每经过一次校验，必须粘贴标识：（　　）。
A. 设备完好　　B. 设备状态　　C. 合格证　　D. 以上都是

（3）以下（　　）不需要 EHS 部门审核。
A. 标准变更　　B. 工艺变更　　C. 工程变更　　D. 以上都是

（4）不合格的物料应（　　）。
A. 放在原处用红色带子圈出区域内　　B. 放在划出的专门区域内
C. 一定要设置专门的不合格物料库　　D. 挂上不合格标记放在原地

（5）车间使用之后的状态标识，如正在使用卡、已清洁卡等，处理方法是（　　）。
A. 直接撕毁
B. 扔到危险固废桶内
C. 放在记录桌内，有检查时再统一收起来
D. 在标识上打叉后扔到车间专门废弃标识收集处

（6）中国药品 GMP 证书的有效期为（　　　）。

  A．1 年　　　　　　B．2 年　　　　　　C．3 年　　　　　　D．5 年

2．多选题

（1）GMP 中定义的关键人员包括：（　　　）。

  A．企业负责人　　　　　　　　　　B．生产管理负责人

  C．化验室主任　　　　　　　　　　D．质量管理负责人

  E．质量受权人　　　　　　　　　　F．质量保证部门经理

（2）以下物料需采用单独上锁隔离存放的是（　　　）。

  A．不合格品　　　　　　　　　　　B．退货物料或产品

  C．召回的物料或产品　　　　　　　D．待验物料

（3）关于危险品库的说法正确的有（　　　）。

  A．进入危险品库内必须注意各项安全事项，严禁火种入内

  B．与库无关的人员不得入内

  C．除运送货物的车辆外，一切机动、电动车辆严禁入内

  D．危险品入库必须有专人验收，认真核对品名、规格、数量

（4）包装开始前应该检查的项目有：（　　　）。

  A．确保工作场所、包装生产线及其他设备已经处于清洁或待用状态

  B．无上批遗留的产品、文件或与本批产品包装无关的物料

  C．检查结果有记录

  D．检查所领用的包装材料的准确性，核对待包装产品和所用包装材料的名称、规格、数量、质量状态，且与工艺规程相符

参考文献

[1] 国家药典委员会. 中华人民共和国药典 2020 年版（四部）[S]. 北京：中国医药科技出版社，2020.

[2] 张芸，王亚敏. 注射用冻干制剂新药申报中的药学常见问题和基本考虑[J]. 药物评价研究，2023，46(9)：1848-1853.

[3] 姚静，张自强. 药物冻干制剂技术的设计及应用[M]. 北京：中国医药科技出版社，2007.

[4] 罗伊婷，邓黎，张志荣，等. 注射用硫酸氢氯吡格雷纳米粒冻干制剂的制备与表征[J]. 沈阳药科大学学报，2023，40(5)：539-546.

[5] 白玉秋. 注射用阿扎胞苷冻干粉针剂的研究[D]. 延吉：延边大学，2021.

[6] 王洪伟，田兵，李磊，等. 注射用还原型谷胱甘肽冻干工艺的优化[J]. 中国医药工业杂志，2021，52(1)：94-98.

[7] 刘玺，邢建峰. 注射用尼可地尔的冻干工艺研究[J]. 精细化工中间体，2021，51(4)：13-16.

[8] 魏冬冬，高勇强，张丽丽，等. 冻干粉针剂设备选择及技术细节问题的研究[J]. 科技风，2020(8)：173.

[9] 杭从荣. 减少冻干粉针剂灌装不合格品数的措施[J]. 化工设计通讯，2020，46(5)：189-190.

[10] 沈利丽. 冻干粉针剂无菌工艺模拟灌装验证中的注意事项[J]. 化纤与纺织技术，2020，49(10)：41-42.

[11] 刘天宇. 冻干粉针剂冻干工艺及质量技术探讨[J]. 黑龙江中医药，2015，44(5)：67-68.

[12] 陈王露，詹星星，孙志勇．浅议冻干粉针剂生产中可见异物的来源及其控制措施[J]．机电信息，2018(11)：46-48，57．

[13] 山东新时代药业有限公司．聚乙二醇化重组人粒细胞刺激因子注射用冻干制剂：CN114224853B[P]．2022-09-23．

[14] 济南大学．一种丁苯酞纳米脂质体冻干粉针剂及其制备方法：CN116459224A[P].2023-07-21．

[15] 哈尔滨医大药业股份有限公司．一种医用冻干粉针剂的制备方法：CN116159028A[P].2023-05-26．

第五章

中药提取虚拟仿真实训

第一节　金银花提取虚拟仿真实训

一、产品概述

1. 临床用途

金银花是忍冬科植物忍冬的干燥花蕾或带初开的花，一般夏初花开放前采收，干燥后使用。金银花是常用的传统药食同源中药，具有清热解毒、疏散风热的功效，并表现出抗炎、抗菌、抗病毒和抗氧化等多种药理作用。研究表明，金银花的主要有效成分为有机酸、黄酮类等多类活性成分，其中，绿原酸（chlorogenic acid）是含量最高的有机酸成分。

2. 理化性质（绿原酸）

性状：针状结晶。

酸碱性：呈较强的酸性，能使石蕊试纸变红，可与碳酸氢钠形成有机酸盐。

溶解性：可溶于水，易溶于热水、乙醇、丙酮等亲水性溶剂，微溶于乙酸乙酯，难溶于乙醚、氯仿、苯等有机溶剂。

二、工艺流程简介

1. 工艺原理

本工艺以金银花为原料，利用有效成分的水溶性，采取水提回流法进行提取（收率为97%），同时利用水蒸气蒸馏法提取挥发油成分，得到的水提液通过蒸发浓缩工艺得到浓缩液。

2. 工艺流程介绍

（1）多功能提取罐提取特点

该流程可进行水提，也可进行醇提。一般投料与水质量比为1∶10。

由于非有效成分的浸出，热回流提取液澄明度较差，一般用于固体口服制剂或外用药。

优点：适用于有效成分溶于水，且对湿、热均较稳定的药材。此法简单易行，能煎出大部分有效成分。除可作为汤剂外，也可作为进一步加工制成各种剂型的半成品。

缺点：煎出液中杂质较多，容易霉变、腐败，一些不耐热及挥发性成分在煎煮过程中易被破坏或挥发而损失。药渣依法煎出 2～3 次。

（2）不同需要下的提取操作方式

加热方式：用水提取时通入蒸汽加热，当温度达到提取温度后停止向罐内而改向夹层通蒸汽进行间接加热，以维持罐内温度在规定的范围内（如用醇提取，则全部向夹层通蒸汽进行间接加热）。

强制循环：在提取过程中，用泵对药液进行强制性循环，即从罐体下部放液口放出浸出液，经管道过滤器过滤后，再用水泵打回罐体内。加速了固液两相间的相对运动，从而增强了对流扩散及浸出过程，提高了浸出效率。

提取挥发油（吊油）的操作：在提取过程中药液蒸汽经冷却器进行再冷却后直接进入油水分离器进行油水分离，此时冷却器与气液分离器的阀门通道必须关闭。分离的挥发油从油出口放出。芳香水从回流管道经气液分离器分离，残余气体放入大气而液体回流到罐体内。两个油水分离器可交替使用。提油完毕，油水分离器内残留部分液体可从底阀放出。

加压方式：加压方式有两种，一是密闭加压升温（溶剂蒸气压），二是加压不升温，即在低于溶剂沸点的一定温度下，加气压或液压。实验表明，水提温度在 65～90℃时，表压为 19.6～49Pa，与常压煮提相比，有效成分浸出率相同，但浸出时间可以缩短一半以上，固液比也可以提高。由于热、压条件可能导致某些有效成分被破坏，故加压升温浸出工艺应当慎用。加压浸出对质地坚实而较难浸润的药材作用比较显著。

（3）双效浓缩工艺

双效浓缩工艺由一效列管加热室、一效蒸发室、二效列管加热室、二效蒸发室、冷凝器、真空溶剂回收罐、板式换热器、真空缓冲罐组成。采用的是负压外加热自然循环式的蒸发方式。生蒸汽进入一效列管加热室外面，将料液加热上升，料液受热从喷管喷入一效蒸发室，进行气（汽）液分离，其料液从循环管回到一效列管加热室下部再被加热，料液受热又喷入一效蒸发室形成循环。料液浓缩到一定程度，经取样合格后由一效列管加热室底部出料口出料。一效蒸发室出来的蒸汽可以作为二效列管加热室的热源（节能），将二效列管加热室的料液加热上升，料液受热从喷管喷入二效蒸发室，进行气液分离，其料液从循环管回到二效列管加热室下部再被加热，料液受热又喷入二效蒸发室形成循环。料液浓缩到一定程度，经取样合格后由二效列管加热室底部出料口出料。二效蒸发室出来的蒸汽经过冷凝器冷凝进入受液罐，不凝气经过板式换热器再次冷凝进入溶剂回收罐。整套装置采用外加热自然循环与负压蒸发方式，蒸发速率快，浓缩比大，有的密度可达 1.4g/cm³，蒸发器内有特殊结构，使得料液在无泡沫状态下浓缩而不易跑料。此外，蒸发器易清洗，不易结垢，操作灵活，可单效、双效或三效操作。

（4）浓缩生产线特点

单元设备的使用及配套合理、设备运行正常时，能保证当班投料处理完毕。因此，可以缩短生产周期，浓缩与提取同步进行，可节约 50% 以上的蒸汽，提高效率，从药材到浓缩药膏只需 7～8h，可防止药液发霉、变质，确保药品质量。

全生产线采用中央控制室集中操作，对关键操作参数进行自动控制和仪表显示，操作方便，当集中控制出现故障时，亦能实现现场操作，不影响正常生产。从投料到浓缩，全程管道化、密闭化、连续化生产，适应现代化生产的需要。生产线的辅助管道较完善，提高了对生产工艺变化的适应性及对意外情况的应变能力。降低劳动强度，改善生产环境，降低成本，节约能源。收膏率比传统工艺可提高 10%～15%，二次蒸汽在过程中得到充分利用，投入的溶剂能够实现回流循环，使药材中的溶质与溶剂始终保持高梯度传质，高速溶出。

3. 主要工艺过程

本工艺主要分为三个工段：一次提取工段、二次提取工段、负压双效浓缩工段。

（1）一次提取工段

通过多功能提取罐进料口添加 125kg 金银花，通过管路输送加入 1800kg 工艺水，打开多功能提取罐夹套饱和蒸汽入口，间接加热至 50℃，打开罐顶冷凝系统，温度将要升至 70℃时通过温度控制器将多功能提取罐的罐内温度维持在 68～72℃。打开多功能提取罐底部排液阀，打开过滤器后阀过滤提取液中的杂质，打开输液泵及热回流阀门，开启提取液回流。当油水分离器中水相液位达到 20%时，打开多功能提取罐顶部油水分离器排油阀门收集挥发油。打开油水分离器回流阀门，开启芳香水回流。设定蒸煮时间为 120min，蒸煮结束后，关闭热回流阀门，结束提取液回流，关闭蒸汽入口停止加热。打开缓冲罐提取液阀门，将提取液打入缓冲罐，当多功能提取罐液位降至 6%时，关闭缓冲罐提取液收集阀门，关闭输液泵。

（2）二次提取工段

打开进水阀门，向多功能提取罐中加入工艺水 1400kg，打开温度控制器进行加热，温度将要升至 70℃时通过温度控制器将多功能提取罐的罐内温度维持在 68～72℃。打开输液泵及热回流阀门，开启提取液回流。设定蒸煮时间为 120min，蒸煮结束后，关闭热回流阀门结束提取液回流，关闭蒸汽入口停止加热。打开缓冲罐提取液收集阀，将提取液打入缓冲罐，待多功能提取罐内液位不变时关闭输液泵，关闭缓冲罐提取液收集阀。打开多功能提取罐排渣阀排出药渣，用清水冲洗多功能提取罐，排空后关闭排渣阀。

（3）负压双效浓缩工段

打开缓冲罐出液阀门，启动输液泵向一效加热室输送提取液，打开二效加热室进液阀，当二效加热室液位达到 50%时关闭二效加热室进液阀。开启真空系统，调节控制一效浓缩罐压力在-80kPa 左右。打开受液罐冷凝系统，打开蒸汽开关通入蒸汽，加热一效加热室，控制一效加热室的温度在 60℃左右。缓冲罐中提取液全部打入浓缩系统后，关闭输液系统与加热室进液阀。控制药物浓缩相对密度，一效加热室药液相对密度达到 1:1 后开启一效加热室底部出液阀，开启储液罐输液系统。二效加热室药液相对密度达到 1:1 后开启二效加热室底部出液阀，将浓缩液全部打入浓缩液储罐储存。

金银花提取浓缩
工艺流程框图

4. 工艺流程框图

金银花提取浓缩工艺流程框图可扫码获取。

三、生产工艺操作虚拟仿真

1. 第一次提取工段

本工段的 DCS 图可扫码获取。

具体操作如下：

第一次提取工段
DCS 图

① 通过 DCS 控制系统的加料面板向多功能提取罐内添加 125kg 金银花（图 5-1）。

图 5-1　加料场景

② 打开进水阀门，向多功能提取罐内加入 1800kg 工艺水。打开加热蒸汽阀前阀、蒸汽阀后阀和蒸汽回流阀（图 5-2）。

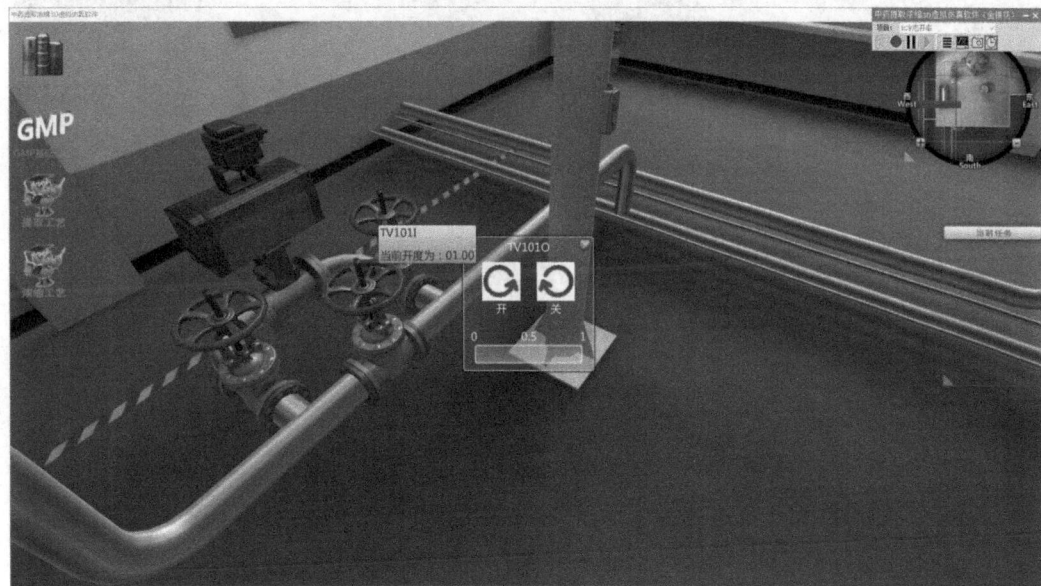

图 5-2　开启蒸汽阀门场景

③ 通过 DCS 控制系统打开温度控制器，加热多功能提取罐。待多功能提取罐温度升至 50℃时打开罐顶冷凝器进水阀门（图 5-3）。

图 5-3 开启冷凝器进水阀门场景

④ 多功能提取罐温度将要达到 70℃时将温度控制器投自动，设定温度为 70℃。控制多功能提取罐温度为 70℃。打开多功能提取罐底部排液阀门（图 5-4）。

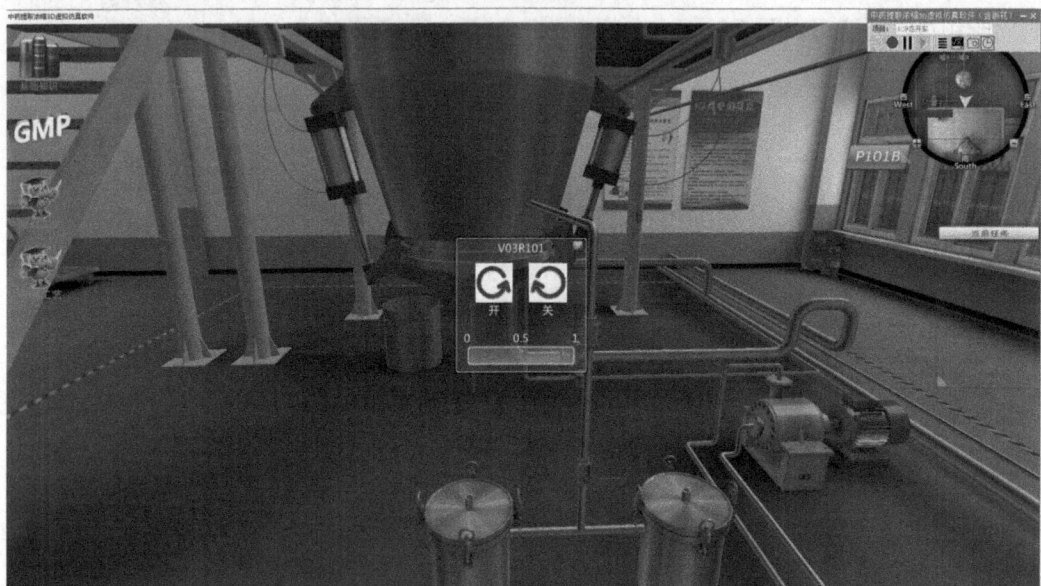

图 5-4 开启多功能提取罐排液阀门场景

⑤ 打开过滤器后阀，过滤提取液中的杂质。操作输液泵 1 "启动"按钮，启动输液泵 1（图 5-5）。

⑥ 打开输液泵 2 的前阀，操作输液泵 2 "启动"按钮，启动输液泵 2，打开输液泵 2 的后阀。打开输液泵后的热回流阀门，开启提取液回流。油水分离器水相液位达到 20%时打开排油阀门（图 5-6），再打开芳香水回流阀门。

图 5-5 启动输液泵 1 阀门场景

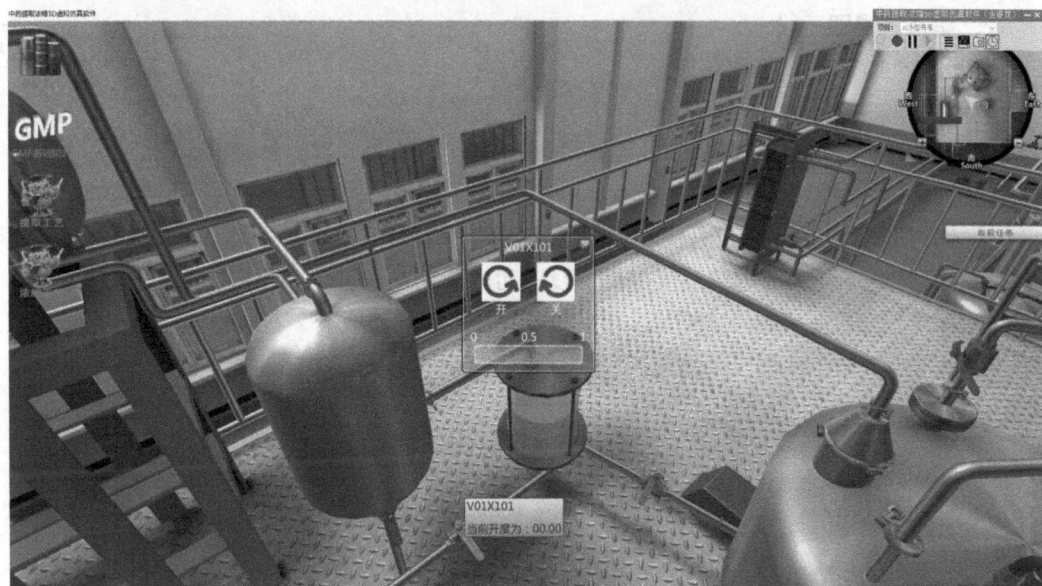

图 5-6 开启排油阀门场景

⑦ 通过 DCS 控制系统设定蒸煮时间为 120min。蒸煮结束后，温度控制器投手动，关闭温度控制器。

⑧ 关闭输液泵 2 的后阀，停止提取液回流。打开缓冲罐进液阀门，将提取液全部打入缓冲罐（图 5-7）。

⑨ 当多功能提取罐液位降至 6% 时，关闭缓冲罐进液阀门，操作输液泵 1 "关闭" 按钮关闭输液泵 1。

⑩ 关闭输液泵 2 后阀，关闭输液泵 2，关闭输液泵 2 前阀。第一次提取结束。

图 5-7　开启缓冲罐进液阀门场景

2. 第二次提取工段

本工段的 DCS 图可扫码获取。

具体操作如下：

① 通过 DCS 控制系统中"水量归零"按钮将工艺水量归零。打开进水阀门，向多功能提取罐中加入工艺水 1400kg。

② 通过 DCS 控制系统打开温度控制器，给多功能提取罐 R101 加热。提取罐温度将要升至 70℃时将温度控制器投自动，设定温度 70℃。

③ 操作输液泵 1 "启动"按钮，启动输液泵 1。打开输液泵 2 前阀，操作输液泵 2 "启动"按钮，启动输液泵 2，打开输液泵 2 后阀（图 5-8）。

图 5-8　开启输液泵 2 后阀场景

④ 打开热回流阀门，开启提取液回流。操作DCS控制系统设置蒸煮时间120min。蒸煮120min后，温度控制器投手动，关闭温度控制器。关闭加热蒸汽前阀门（图5-9）。

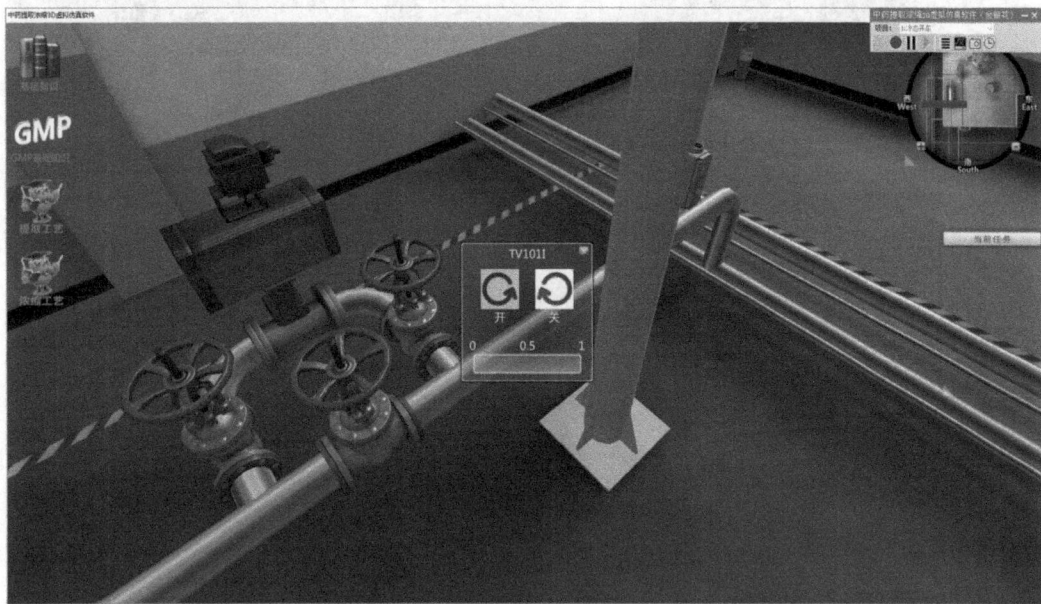

图5-9　关闭加热蒸汽前阀门场景

⑤ 关闭加热蒸汽后阀门，关闭热蒸汽回流阀门，关闭热回流阀门（图5-10）。

图5-10　关闭热回流阀门场景

⑥ 打开缓冲罐前阀，将提取液全部打入缓冲罐（图5-11）。

图5-11 打开缓冲罐前阀场景

⑦ 当多功能提取罐液位降至 6%时关闭缓冲罐前阀。操作输液泵 1 "关闭" 按钮，关闭输液泵 1。关闭输液泵 2 后阀，操作输液泵 2 "关闭" 按钮，关闭输液泵 2，关闭输液泵 2 前阀，结束提取液回流。关闭多功能提取罐底阀，结束放液（图5-12）。

图5-12 关闭多功能提取罐底阀场景

⑧ 关闭过滤器后阀，关闭冷凝器进水阀门。油水分离器排空后关闭排油阀门，再关闭芳香水回流阀门（图5-13）。

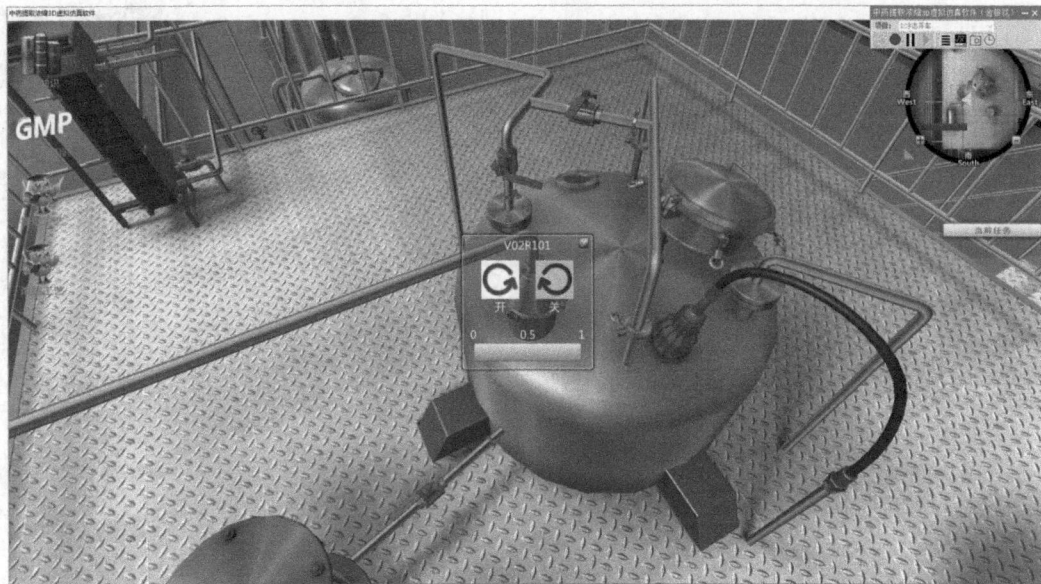

图 5-13　关闭芳香水回流阀门场景

⑨ 打开出渣门排出药渣（图 5-14）。

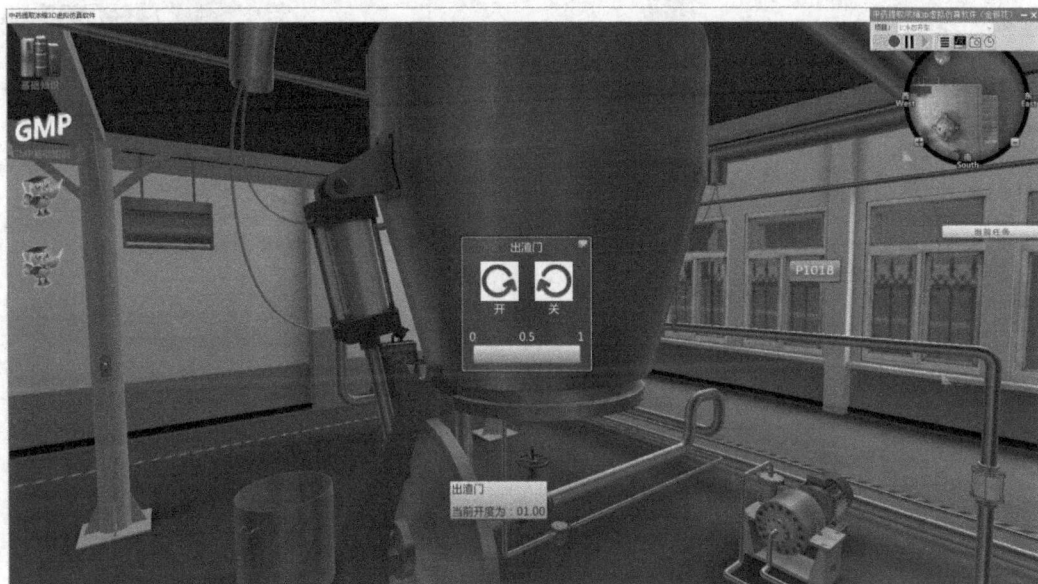

图 5-14　打开出渣门场景

⑩ 打开清洗阀门清洗多功能提取罐（图 5-15）。清洗后，关闭清洗阀门，药渣排出后关闭出渣门。

3. 负压双效浓缩工段

本工段的 DCS 图可扫码获取。

① 打开缓冲罐出液阀（图 5-16）。

图5-15　打开清洗阀门场景

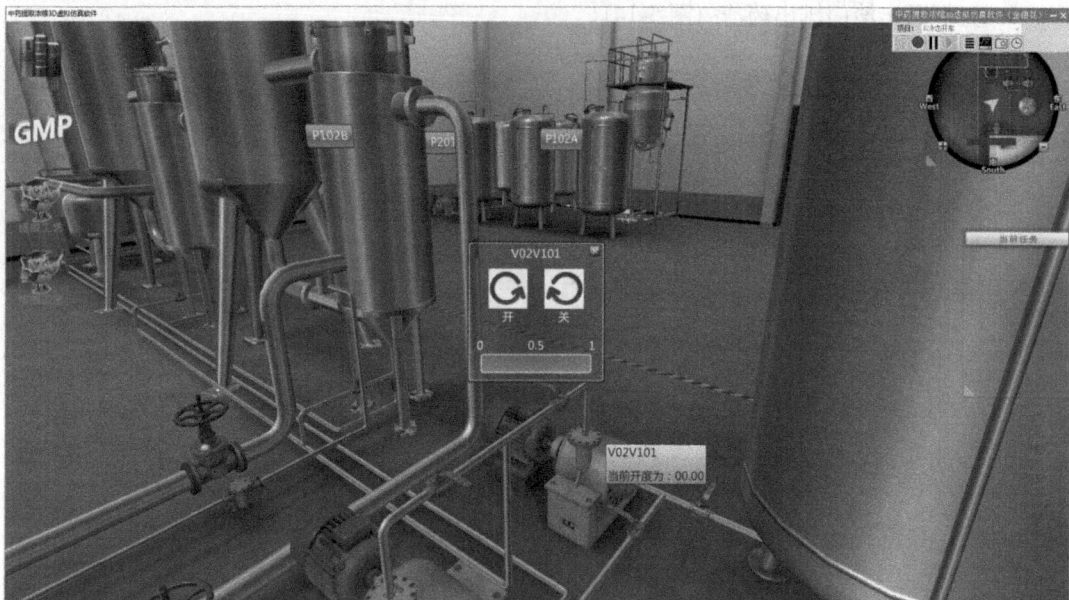

图5-16　打开缓冲罐出液阀场景

② 操作输液泵 3 "启动" 按钮，启动输液泵 3，打开输液泵 3 的后阀。打开输液泵 4 的前阀，操作输液泵 4 "启动" 按钮，启动输液泵 4，打开输液泵 4 的后阀。打开一效加热室进液阀，一效加热室液位达到 20%左右时关闭进液阀（图 5-17）。

③ 打开二效加热室进液阀，其液位达到 20%左右时关闭进液阀。操作真空泵 "启动" 按钮，开启真空泵（图 5-18）。

图5-17　打开一效加热室进液阀场景

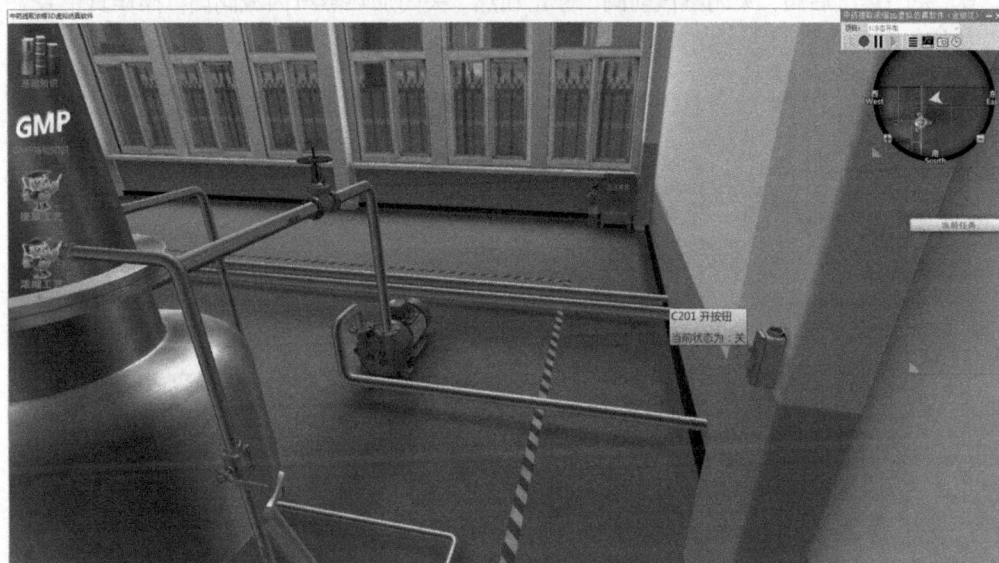

图5-18　开启真空泵场景

④ 打开抽真空阀门，调节开度，控制一效浓缩罐压力在-80kPa左右（图5-19）。

⑤ 打开受液罐冷凝水开关阀门。打开板式换热器冷凝水开关阀门。打开加热蒸汽前阀2、加热蒸汽后阀2、蒸汽回流阀2，开始加热。操作DCS控制系统，打开温度控制器2。一效加热室温度达到60℃时，温度控制器2投自动，设定温度60℃，即控制E201温度稳定在60℃。控制一效蒸发室压力稳定于-80kPa。通过一效加热室进液阀门控制一效加热室药液相对密度稳定于1∶1。通过二效加热室进液阀门控制二效加热室药液相对密度稳定于1∶1。

⑥ 缓冲罐储液排空时关闭输液泵3的后阀，关闭输液泵3。缓冲罐储液排空时关闭输液泵4的后阀，操作输液泵4"关闭"按钮，关闭输液泵4，关闭输液泵4前阀。药物相对密度合格后温度控制器2投手动，关闭温度控制器2。

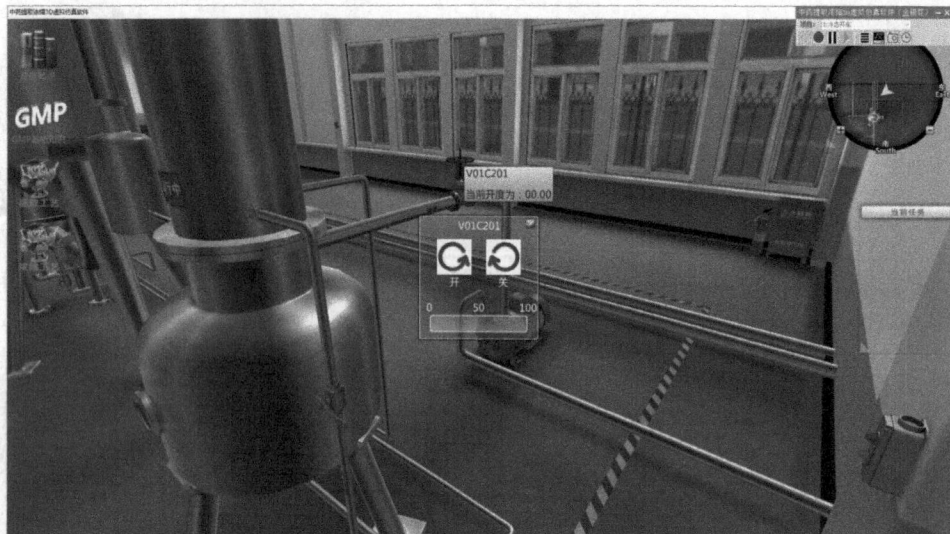

图5-19　打开抽真空阀门场景

⑦ 关闭蒸汽后阀，关闭蒸汽前阀，停止加热。关闭加热蒸汽回流阀门。操作真空泵"关闭"按钮，关闭真空泵，关闭真空阀门。打开一效加热室出液阀门（图5-20）。

图5-20　打开加热室出液阀门场景

⑧ 打开二效加热室出液阀门。向浓缩液储罐输送浓缩液，开启输液泵5前阀（图5-21）。

⑨ 操作输液泵5"开启"按钮，开启输液泵5，开启输液泵5后阀。打开输液泵6前阀，操作输液泵6"开启"按钮，打开输液泵6，打开输液泵6后阀。一效加热室排空后，关闭一效加热室排液阀。二效加热室排空后，关闭二效加热室排液阀。一效、二效排空后，关闭输液泵5后阀。

⑩ 操作输液泵5"关闭"按钮，关闭输液泵5，关闭输液泵5前阀。关闭输液泵6后阀，操作输液泵6"关闭"按钮，关闭输液泵6，关闭输液泵6前阀。关闭受液罐冷凝水开关阀门。关闭板式换热器冷凝水开关阀门。

图 5-21　打开输液泵前阀场景

4. 金银花提取浓缩仿真操作全过程展示

金银花提取浓缩仿真操作视频可扫码获取。

金银花提取浓缩
仿真操作视频

四、注意事项

① 经常检查阀门是否正常，发现有渗漏时应及时修理或更换。

② 长期不用的设备，在重新使用前必须重新检查：打压、试密、置换、放空。

③ 冬季防冻时，必须勤检查，及时排水、排气，防止结冰而损坏设备。

④ 滤机入料及清洗滤机前，必须确认滤机内压力为"0"。

⑤ 按规定升温，升温过快易引发事故。

⑥ 经常注意蒸汽保温层是否有脱落，使用前打开疏水器旁通阀排除积水。

⑦ 每周拨动安全阀两次以防生锈造成失效。

⑧ 需要润滑部位，加适量黄油润滑。

⑨ 生产时，要小心操作，谨防烫伤。操作人员应严禁站在多功能提取罐正下方。

⑩ 有毒气体泄压时必须通过吸收装置，不许直接开放空阀放空。

⑪ 生产结束后，按《一般生产区生产现场清洁标准操作规程》进行清场。挂上"已清场"状态标识。

课后练习

1. 判断题

（1）药品生产企业不得进行委托检验。　　　　　　　　　　　　（　　）

（2）原料药生产设备所需的润滑剂、加热或冷却介质等，应当避免与中间产品或原料药直接接触，以免影响中间产品或原料药的质量。　　　　　　　　（　　）

2. 单选题

（1）药品批生产记录应当至少保存至药品有效期后（　　）年。

    A. 4　　　　　　　　B. 3　　　　　　　　C. 2　　　　　　　　D. 1

（2）主要固定管道应当标明内容物的（　　）。

    A. 名称　　　　　　B. 流向　　　　　　C. 状态　　　　　　D. 名称和流向

（3）药品生产的岗位操作记录应当由（　　）。

    A. 监控员填写　　　　　　　　　　B. 车间技术人员填写

    C. 岗位操作人员填写　　　　　　　D. 班长填写

（4）物料必须从（　　）批准的供应商处采购。

    A. 供应管理部门　　　　　　　　　B. 生产管理部门

    C. 质量管理部门　　　　　　　　　D. 财务管理部门

（5）过期或废弃的印刷包装材料应当予以（　　）并记录。

    A. 销毁　　　　　　B. 回收　　　　　　C. 保存　　　　　　D. 以上都不是

3. 多选题

（1）物料应当根据其性质有序分批贮存和周转，发放及发运应当符合（　　）的原则。

    A. 合格先出　　　B. 先进先出　　　C. 急用先出　　　D. 近效期先出

（2）为规范药品生产质量管理，GMP制定的依据是（　　）。

    A. 中华人民共和国药品食品管理法　　B. 中华人民共和国药品管理法

    C. 中华人民共和国药品管理法实施条例　D. 药品生产监督管理条例

（3）以下不属于工艺助剂的是（　　）。

    A. 助滤剂　　　B. 活性炭　　　C. 参与反应的物料　　　D. 溶剂

（4）产品包括药品的（　　）。

    A. 原料　　　　B. 中间产品　　　C. 待包装产品　　　D. 辅料

第二节　三七总皂苷提取虚拟仿真实训

一、产品概述

1. 临床用途

三七总皂苷具有活血祛瘀、通脉活络、抑制血小板聚集和增加脑血流量的作用，可用于脑血管后遗症、视网膜中央静脉阻塞、眼前房出血等的治疗。

2. 物化性质

本品为淡黄色无定形粉末，味苦，微甘。

二、工艺流程简介

1. 工艺原理

本工艺为年产1600t三七总皂苷的生产工段，其生产工艺过程为前处理（预处理）、干燥粉碎、多功能提取、一次浓缩、水沉离心、脱糖/洗糖/洗脱、脱色、二次浓缩收膏（球形浓缩）、调配喷雾干燥、混合、内外包等。

2. 主要工艺过程

前处理：将原药材挑拣尽杂质，大小分档。洗掉附带的泥土，并干燥。

粉碎：把预处理过的三七原材料粉碎成块状或条状，便于装入布袋进行下一步提取工艺。

提取：每次把粉碎至 3mm 的三七粗粉投入已加 7 倍量 95%乙醇的多功能提取浓缩机组中，经过一定时间的浸渍，有效成分充分溶出。

浓缩：将含有有效成分的溶液进行浓缩，除去无用的药渣。条件为：负压 0.06～0.08MPa，浓缩温度为 40～50℃，浓缩至相对密度为 1.02～1.08。

水沉：将回收乙醇后的浓缩液用 5 倍量的纯化水稀释，加热到 72～75℃时加入澄清剂 B 组 0.50kg，搅拌 3～5min，75～76℃时加入澄清剂 A 组 0.250kg，搅拌 30min，冷却静置至室温后离心分离。

离心过滤：静止澄清后的浓缩液用滤布（500 目）过滤后，通过碟片式离心机分离。

脱糖：脱糖柱采用色谱柱（装大孔吸附树脂 15.00kg，柱体积 20L，柱径比 6∶1）。

上药液：开启药液泵将药液储罐中的药液送至一组脱糖树脂柱内，上药液时要把药液均匀地送入每支树脂柱内，直到药液面升至树脂柱上部视镜的三分之一处时停止送药液，打开树脂柱底部排污阀，控制流速在 1.2～1.5BV/h，待药液降至树脂柱下部视镜三分之一时，再开启药液泵上药液。重复上述操作，直至药液储罐中的药液全部上完。

洗脱：打开乙醇高位槽的出口阀，用浓度为 80%以上的乙醇（1.25BV）洗脱（上进下出、正洗）树脂中的药液，并将洗脱出的药液排至脱糖药液储罐。

脱色：脱色柱中装脱色树脂 2.00kg 进行脱色，柱体积 4L，柱径比 100∶7.5。打开乙醇高位槽的出口阀及脱色离子交换柱顶部进口阀、底部排污阀，加入浓度为 80%以上的乙醇 2kg，有乙醇味时则关闭排污阀，即可开始上药液。检查各进口阀门是否处于开启状态，各出口阀门是否处于关闭状态。

上药液：打开脱糖药液储罐出口阀、启动泵，将药液送入脱色树脂柱内。打开脱色树脂柱的药液入口阀门与底部出口阀门，调整并保持药液流速在 1.5～2.0BV/h，直至药液全部脱色完毕，将脱色后的药液放入脱色药液储罐中。药液上完后，待液面降至树脂面以上 2～3cm，打开乙醇高位槽的出口阀及脱色树脂顶部进口阀，用浓度为 90%以上的乙醇（1.0BV）将药液全部赶下。

球形浓缩：用球形浓缩器浓缩，除掉大部分水和乙醇，直到药渣的相对密度为 1.04～1.08。

调配：调整药液的浓度，便于下一步喷雾干燥处理。

喷雾干燥：除掉大部分乙醇和水，达到成品质量要求。将减压浓缩后的各种药液用泵打入药液调配罐中，加入适量的纯化水，开启搅拌桨搅拌，升温至 700℃，调节其相对密度在 1.04～1.08，将药液加入 GZ-5 型高速离心喷雾干燥机中。启动喷雾干燥机，并检测塔内负压在-5～20Pa 范围内，进口温度升至 180～200℃、出口温度达到 70℃以上时启动料泵，若无异常情况则打入药液进行喷雾，喷雾过程中出口温度在 60～70℃，干燥结束后包装即可。

三七总皂苷提取生产流程框图

3. 工艺流程框图

三七总皂苷提取生产流程框图可扫码获取。

三、生产工艺操作虚拟仿真

1. 前处理工序

具体操作如下：

（1）挑选

① 前往原材料暂存间，提交领料单，查看物料标签，确认无误后领取材料。

② 返回挑选间，将物料倒入挑选台。

③ 将霉变药材、打蜡药材或茎叶等剔除。

④ 将合格药材倒入洁净不锈钢桶，称重后贴上物料周转标签。

⑤ 将药材交由 QA 进行检查、复核后送入下一工段。

（2）切药

① 按下切药机"启动"按钮。

② 设置切刀动作次数 200，切药长度设定 2mm，切药误差调整-0.5mm。

③ 先在出料口放置洁净不锈钢桶，随后将物料倒入运行轨道，机器开始进行切药。

④ 出料桶贴上物料周转标签，将药材交由 QA 进行检查、复核后送入下一工段。

（3）洗药

① 出料口放置洁净的出料桶。

② 转动"总停"旋钮，启动洗药机，按下"正转"按钮，机器空转运行。

③ 打开进水阀，水箱开始进水。装满水后转动水泵旋钮，喷淋加适量水。

④ 将物料从进料口倒入，等待药材清洗。

⑤ 轻按"正转"按钮，停止正转。

⑥ 按下"反转"按钮，滚筒反转出料。

⑦ 按下"反转"按钮停止反转。关闭水泵，关掉"总停"，关闭进水阀门。

⑧ 将清洗后的物料贴上物料周转标签，交由 QA 检查，复核后转移至中间暂存间。

前处理工序场景如图 5-22 所示。

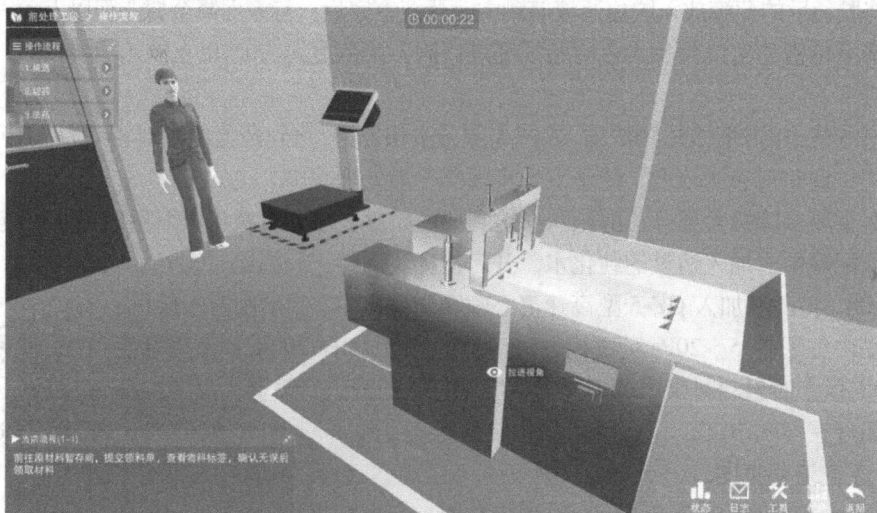

图 5-22　前处理工序场景

2. 干燥粉碎工序

具体操作如下：

（1）干燥

① 取干净烘盘放置于洁净不锈钢桌面上，将需干燥的三七切片平铺放置在烘盘上，分布均匀，不宜过厚。

② 打开热风循环烘箱门，将烘车从烘箱中拉出，把平铺好三七切片的烘盘放置在烘车上，将烘车推入热风循环烘箱，关闭箱门。

③ 在热风循环烘箱控制面板上点击"电源"按钮，开启电源，然后设定干燥温度、时间参数（先按"设定"键，然后按"上、下"键调节至所需参数，最后按"确认"键确认）。

④ 在热风循环烘箱控制面板上点击"风机"按钮，开启风机，再点击"加热"按钮，烘箱按照设定好的参数进行工作。

⑤ 三七切片干燥完毕，烘箱自动停止运转，点击"风机"按钮，关闭风机，再点击"电源"按钮，关闭电源。

（2）物料周转

① 打开热风循环烘箱门，将烘车从烘箱中拉出，取下烘盘，将干燥的三七切片转移至洁净不锈钢桶。

② 称量后贴上物料周转标签，将物料转移至粉碎间。

（3）粉碎

① 查看物料桶上物料标签，核实物料信息。

② 安装回转刀至粉碎机上，接着安装筛网。

③ 分别放置物料桶及空桶，开启粉碎机电源，点击"启动"按钮试运行设备。试运行 5～30s 无异常后，打开粉碎机盖子，向粉碎机加料开始粉碎，粉碎完成后贴标签转移。

干燥粉碎工序场景如图 5-23 所示。

图 5-23　干燥粉碎工序场景

3. 提取工序

本工序的 PID 图可扫码获取。

具体操作如下：

(1) 关闭出渣门

按下出渣门"关闭"按钮，用启闭汽缸将出渣门关闭。

(2) 投入三七药粉

打开投料仓门，将提取原料三七药粉投入多功能提取罐中，投料完毕后关闭投料仓门。

(3) 加入溶剂乙醇

打开多功能提取罐的加液阀门，向多功能提取罐内定量注入溶剂乙醇，加液结束后，关闭加液阀门。

提取工序 PID 图

(4) 开启冷乙二醇

依次打开冷凝器上循环冷却水出口阀门和进口阀门。

(5) 加热回流提取

依次打开多功能提取罐夹套的蒸汽出口阀门和进口阀门，对罐内持续加热至沸腾，加热回流 5h，提取完毕依次关闭夹套蒸汽进口阀门和出口阀门、循环冷却水进口阀门和出口阀门。

(6) 循环过滤

依次打开多功能提取罐出液阀、过滤器出液阀、泵循环阀。

(7) 出液

关闭泵循环阀，打开泵出液阀，待出液完毕后关闭多功能提取罐出液阀，打开氮气阀，将药液彻底排尽后依次关闭氮气阀、多功能提取罐出液阀、过滤器出液阀、泵出液阀。

(8) 出渣

点击药渣输送车"启动"按钮，药渣输送车按程序移至指定位置，按下出渣门"启动"按钮，用启闭汽缸将出渣门打开，排出药渣至药渣输送车。

提取工序场景如图 5-24 所示。

提取操作视频

图 5-24　提取工序场景

4．一次浓缩工序

本工序的 PID 图可扫码获取。

具体操作如下：

（1）通入冷却水

从背包放置移动踏步，上踏步，打开冷凝器冷却水入口阀门。

（2）抽真空

半开真空阀，同时观察真空压力表读数。

（3）进液

① 打开进液阀进液。

② 通过蒸发器视镜目测液面。

③ 关闭进液阀。

（4）通蒸汽

① 打开调节阀前进口阀门，打开调节阀后进口阀门。

② 打开凝结水出口阀门。

③ 调节阀后进口阀门。

（5）加热浓缩

① 关闭真空破坏阀。

② 微调真空阀开度，同时观察真空压力表读数。

③ 观察蒸发器液面。

④ 打开进液阀，补液。

⑤ 观察蒸发器液面。

⑥ 关闭进液阀，停止补液。

（6）关闭蒸汽

关闭蒸汽调节阀前进口阀门，关闭蒸汽调节阀后进口阀门。

（7）关闭真空

关闭真空阀。

（8）关闭冷却水

关闭冷凝器冷却水入口阀门。

（9）输液

① 打开真空破坏阀。

② 打开出液阀。

③ 关闭出液阀。

一次浓缩工序场景如图 5-25 所示。

5．水沉离心工序

本工序的 PID 图可扫码获取。

具体操作如下：

（1）生产前准备

将水沉罐上悬挂的"待用"标志牌更换为"运行"，摘掉"设备清洁状态标识卡"。

一次浓缩工序
PID 图

水沉离心工序
PID 图

图 5-25 一次浓缩工序场景

(2) 水沉操作

① 打开料液接收阀门，将浓缩的药液从双效真空浓缩器转移至水沉罐中，转移完毕关闭料液接收阀门。

② 打开纯化水阀门，加入纯化水，加完纯化水后关闭纯化水阀门。

③ 开启搅拌桨，搅拌均匀。

④ 依次打开夹套冷却水出口阀门、进口阀门，控制水沉罐内温度，关闭搅拌桨，静置冷藏 48h。

(3) 离心操作

① 打开离心机电源，启动离心机，机器稳定运行无异常，关闭离心机电源。

② 打开排污阀，然后打开自来水阀门，清洗 10min 后关闭自来水阀门；打开纯化水阀门，清洗 10min 后关闭纯化水阀门，关闭排污阀。

③ 返回水沉罐，依次关闭夹套冷却水进口阀门、出口阀门。

④ 打开离心机电源，启动离心机，然后打开离心机出液阀，再缓慢开启离心机进液阀，直到离心稳定，料液自水沉罐经离心机进行连续流离心，滤去杂质，上清液经管道进入离心液暂存罐。

(4) 压滤操作

① 点击压滤机"电源"按钮开启压滤机。

② 点击压滤机"压紧"按钮，缓慢调节溢流阀，将压力调至 5MPa。

③ 依次打开压滤机进口阀门、出口阀门（回流），再打开离心液暂存罐出口阀门，最后打开压滤机输送泵，离心液经输送泵输送至压滤机过滤，再回流至离心液暂存罐，多次回流过滤。

④ 打开压滤机出口阀门（暂存），再关闭压滤机出口阀门（回流），滤液经压滤机过滤后输送至滤液暂存罐。

⑤ 打开压缩空气阀门，通入压缩空气，压力不超过 15MPa，进行压缩。

（5）物料周转

待滤液输送至滤液暂存罐后，依次打开暂存罐出口阀门、气动隔膜泵出口阀门，启动气动隔膜泵将滤液转移至下个工段。

水沉离心工序场景如图 5-26 所示。

图 5-26　水沉离心工序场景

6. 脱糖工序

本工序的 PID 图可扫码获取。

具体操作如下：

（1）清洗装柱

① 打开排污阀、纯化水阀门，清洗树脂柱，清洗完关闭阀门。

② 打开树脂进阀门，装入一定量树脂，装完关闭树脂进阀门。

（2）树脂处理

① 打开出料阀、乙醇阀门，以 2BV/h 的流速清洗。

② 打开取样阀，取一定流出液进行检测，待流出液与等量水混合不呈白色浑浊即可水洗。

③ 打开纯化水阀门，大量水洗后取样检测，合格即可关闭排污阀、纯化水阀门，保证液面高于树脂 1～2cm，等待使用。

（3）吸附解吸

① 打开进料阀，以 2BV/h 的流速加入滤液，树脂层中不能有气泡。

② 取样检测吸附饱和后，开始洗脱。打开纯化水阀门、排污阀，用 1～2BV 的纯化水换出树脂层中的原液，接着关闭排污阀、纯化水阀门，打开出料阀、乙醇阀门，以 1～2BV/h 的流速通过树脂层，以洗脱目的产物。打开取样阀，检测是否洗脱完成，若完成则关闭出料阀及乙醇阀门。

脱糖工序场景如图 5-27 所示。

图 5-27　脱糖工序场景

7. 脱色工序

本工序的 PID 图可扫码获取。

具体操作如下：

（1）清洗装柱

① 打开出料阀、乙醇阀门，清洗树脂柱，清洗完关闭阀门。

② 打开树脂进阀门，装入一定量脱色树脂，装完关闭树脂进阀门。

（2）树脂处理

① 打开出料阀、乙醇阀门，以 2BV/h 的流速清洗。

② 打开取样阀门，取一定流出液进行检测，待有乙醇味即可关闭阀门。

（3）脱色

打开进料阀，以 2BV/h 的流速加入滤液，树脂层中不能有气泡。药液上完后关闭进料阀，待液面降至树脂面以上 2～3cm 打开乙醇阀门，用乙醇将剩余药液赶出树脂柱。

脱色工序场景如图 5-28 所示。

图 5-28　脱色工序场景

8. 二次浓缩工序

本工序的 PID 图可扫码获取。

具体操作如下：

（1）进液（一级浓缩）

① 从背包放置移动踏步，上踏步，打开冷凝器冷却水入口阀门和出口阀门。

② 半开真空阀，同时观察真空压力表读数。

③ 打开进液阀进液。

④ 通过蒸发器视镜目测液面。

⑤ 关闭进液阀。

⑥ 打开加热器蒸汽入口阀门。

⑦ 打开加热器凝结水出口阀门。

⑧ 打开不凝气阀门，再关闭不凝气阀门。

（2）浓缩（一级浓缩）

① 关闭真空破坏阀。

② 微调真空阀，同时观察真空压力表读数。

③ 观察蒸发器液面。

④ 打开进液阀补液。

⑤ 观察蒸发器液面。

⑥ 关闭进液阀。

（3）出液（一级浓缩）

① 关闭加热器蒸汽前进口阀门与蒸汽调节阀后进口阀门。

② 关闭真空阀。

③ 关闭冷凝器冷却水入口阀门和出口阀门。

④ 打开真空破坏阀。

⑤ 打开出液阀。

（4）进液（二级浓缩）

① 从背包放置移动踏步，上踏步，打开冷凝器冷却水入口阀门和出口阀门。

② 半开真空阀，同时观察真空压力表读数。

③ 打开进液阀进液。

④ 通过蒸发器视镜目测液面。

⑤ 关闭进液阀。

⑥ 打开蒸汽调节阀前进口阀门与蒸汽调节阀后进口阀门。

⑦ 打开加热器凝结水出口阀门。

⑧ 打开不凝气阀门，再关闭不凝气阀门。

（5）浓缩（二级浓缩）

① 关闭真空破坏阀。

二次浓缩工序
PID 图

② 微调真空阀，同时观察真空压力表读数。

③ 观察蒸发器液面。

④ 打开进液阀补液。

⑤ 观察蒸发器液面。

⑥ 关闭进液阀。

⑦ 打开取样阀取样、送检、取检查报告。

（6）出膏

① 关闭蒸汽调节阀前进口阀门与蒸汽调节阀后进口阀门。

② 关闭真空阀。

③ 关闭冷凝器冷却水入口阀门和出口阀门。

④ 打开真空破坏阀。

⑤ 打开出膏阀出膏，完毕关闭出膏阀。

二次浓缩工序场景如图 5-29 所示。

图 5-29　二次浓缩工序场景

9. 喷雾干燥工序

本工序的 PID 图可扫码获取。

具体操作如下：

（1）开机前检查

① 检查人孔是否关严。

② 检查每个风机的风门是否有人动过，禁止乱调。

③ 检查雾化器油位是否在标尺刻度以内，禁止超油、缺油运行。

④ 检查主控柜屏幕参数是否有人动过，禁止乱调。

⑤ 检查压缩空气压力能否保持在 0.6~0.8kPa，减压阀能否正常工作，正常减压范围在 0.35~0.45kPa 之间。

⑥ 检查卫生工作。

（2）开机操作规程

① 开启蒸汽加热、电加热或蒸汽/电混合加热。开蒸汽时，先打开旁通阀门，然后打开蒸汽阀，待旁通管道烫手后，关闭旁通阀或打开一点点。

② 启动鼓风机，启动引风机，启动冷却风机。

③ 待进风温度达到适宜温度（一般在140℃左右）后，开启除湿机电源，启动除湿机。

④ 启动输送送风机。输送加热温度一般设为45℃左右。

⑤ 开启冷却油泵冷却水阀，出水口水流成线即可。

⑥ 启动冷却油泵，启动雾化泵。

⑦ 启动下料阀自动开关。

⑧ 待雾化器频率稳定后，启动加料泵（先往加料泵中加水，待系统稳定，进风温度与出风温度只在工艺要求范围内小幅波动后，将水切换成料液）。

⑨ 启动振击器。

⑩ 启动照明。

（3）运行中操作规程

① 进料后观察设备主体内物料是否正常下落。

② 观察设备各项参数（如进风温度、出风温度、输送加热温度、罐内压力、输送过滤压差、主体过滤压差）是否在规定范围内。

③ 根据工艺要求，定时在洁净区收粉间收料（收粉时，两个手阀不能同开）。

（4）关机操作规程

① 料液将近喷完前确认加料泵口已准备好饮用级水源，等待随时可以吸入。

② 料液喷完后，立即切换为水源阀门，加料泵改成进水，以清洗进料管道和雾化器。

③ 关闭电加热、蒸汽加热、输送加热（将设定温度调至室温以下，一般为15℃）。

④ 待进风温度冷却至120℃后，关闭加料泵，停止进水。

⑤ 关闭雾化器，待125min后关闭冷却油泵。

⑥ 关闭输送送风机、输送引风机（关闭输送送风机前检查输送加热已冷却至室温）。

⑦ 关闭振击器、下料阀自动开关。

⑧ 待100s后，关闭除湿机电源。

⑨ 待进风温度冷却至80℃以下，关闭鼓风机、引风机、冷却风机、照明、冷却油泵水阀。

喷雾干燥工序场景如图5-30所示。

10. 混合工序

本工序的PID图可扫码获取。

具体操作如下：

（1）生产前准备

① 前往中间暂存间，核对物料周转标签，确认无误后单击"领取物料"。

② 检查混合机各部件紧固程度，检查混合机加料盖及放料阀是否关紧。

③ 将"已清洁"状态标识更换为"运行中"，准备开始生产。

混合工序PID图

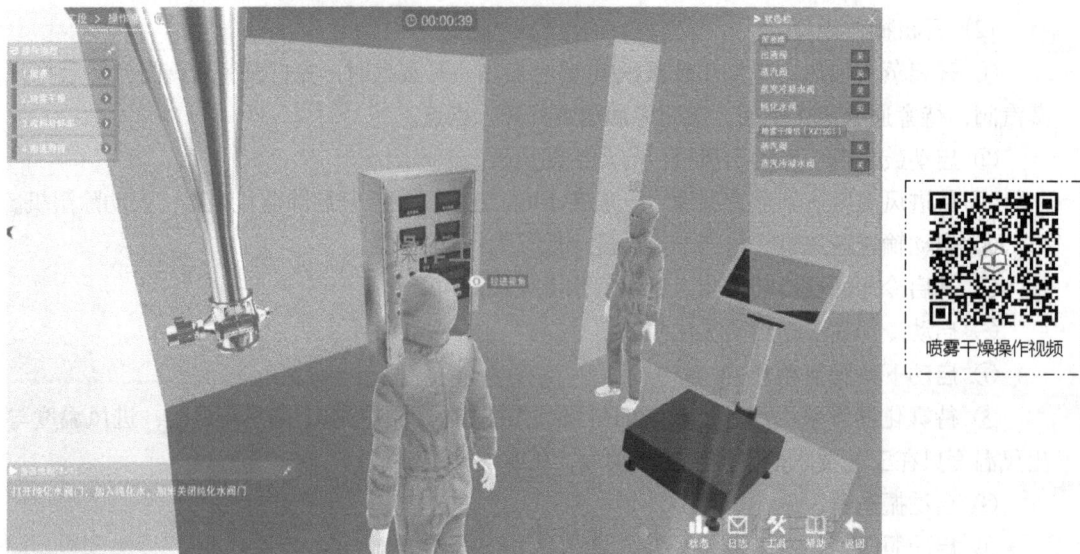

图 5-30　喷雾干燥工序场景

（2）正式生产

① 转动打开电源开关，按下"启动"按钮，使三维运动混合机处于工作状态，启动转速调节，调整旋钮使转速从低到高试运转，若机器无异常，再将转速调至最小后关闭转速调节，停止启动。

② 将进料装置安装至混合机上，在一旁放置真空上料机及物料桶。打开物料桶盖，使用软管分别连接进料装置与真空上料机、真空上料机与压缩空气管、进料装置与物料桶。

③ 打开压缩空气阀门，打开真空上料机电源，开始进料。物料转移完成后，关闭真空上料机电源，拆除软管，关闭压缩空气阀门及进料装置。

④ 按下"启动"按钮，打开转速调节，调整旋钮至中等转速，开始混合。

⑤ 混合完成后，将转速调整至最小后关闭转速调节，关闭"启动"按钮，关闭混合机电源开关。在混合机出料口位置放置空桶，打开放料阀，将混合好的物料转移至空桶中，转移完成后盖上桶盖，关闭混合机放料阀。

⑥ 前往中间暂存间，打开台秤电源，放置物料桶称量，称量完成后贴上标签。将物料桶放置在一旁的垫板上等待使用。

混合工序场景如图 5-31 所示。

11. 内外包工序

具体操作如下：

（1）内包

① 前往中间暂存间，核对物料周转标签，确认无误后单击"领取物料"。

② 返回分装间，点击"台秤开机"按钮，启动台秤。

③ 放置物料桶，打开物料桶盖。

④ 将空桶放置在台秤上，在空桶上再放置双层洁净塑料袋。

⑤ 点击"TARE"按钮，将质量清零。

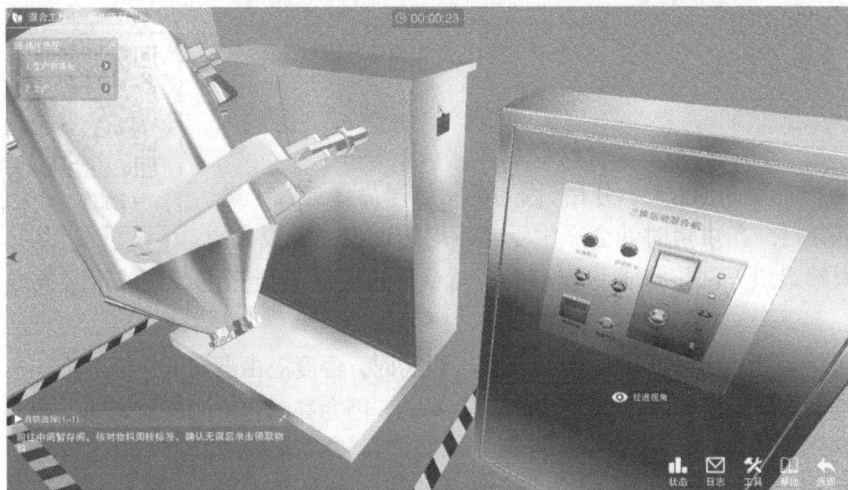

图 5-31　混合工序场景

⑥ 使用工具栏中舀子工具将三七粉末舀至塑料袋中直至台秤示数达到分装质量，称量时 QA 在一旁复核。

⑦ 将分装后的塑料袋扎口封口，从物品栏取出物料周转标签贴至包装袋上。

⑧ 将内包后的三七粉末收起，前往气锁间，将三七粉末放置于物料垫板上，等待外包。

（2）外包

① 前往气锁间，核对物料周转标签，确认无误后领取物料，返回外包间，前往外包材暂存间领取外包桶。

② 返回外包间，将外包桶放置于包装台上，打开外包桶桶盖。

③ 将领取的内包物料放置于外包桶中。

④ 将工具栏中的桶盖重新盖上，贴上标签。

内外包工序场景如图 5-32 所示。

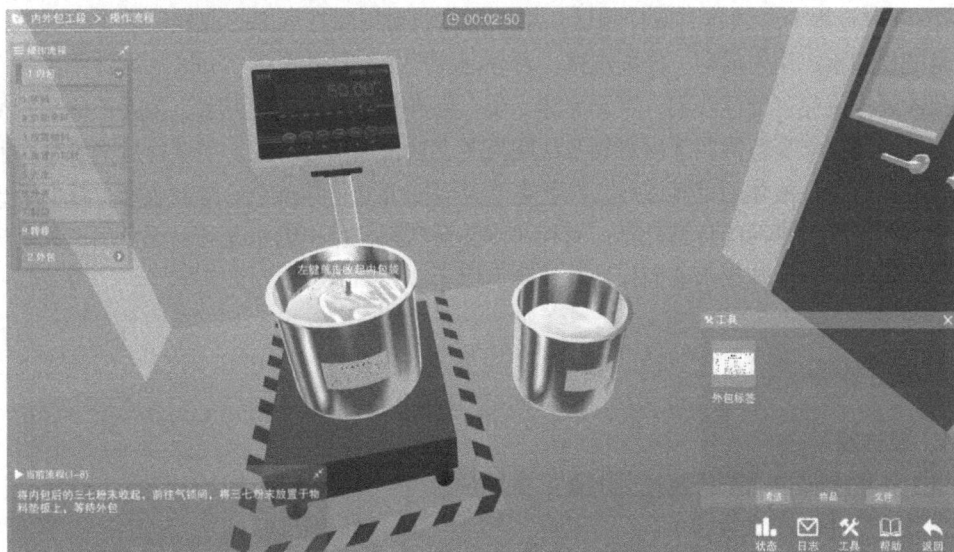

图 5-32　内外包工序场景

12. 中药提取 PID 全图

中药提取 PID 可扫码获取。

中药提取 PID

四、注意事项

① 要将原药材挑拣尽杂质，大小分档。因为药材选净后要进行干燥，如果药材不按大小分档，在烘烤时就会产生受热不均的现象，导致大的药材受热不够、内部组织无法干燥透，而小的药材受热过度，甚至焦化，造成不必要的浪费。

② 要把握好烘烤温度，一般以 30～40℃为宜。烘烤时，温度应由高到低逐渐下降，但不能低于 30℃，否则会延长烘烤时间；也不能高于 40℃，因为高温会将原药材烧焦，造成药效损失，质量降低。烘烤时间一般 2～3h 左右。

③ 烘烤干燥后的三七需取出放晾，不宜立即机械粉碎。因为三七中含有丰富的皂苷类及糖类，受热后内部组织会被软化，故干燥后应让其慢慢冷却至内部组织变硬方可粉碎。

④ 由于三七属于贵重药材，所以粉碎时应选用小型多功能 SF-250 型组合高速粉碎机，其优点是体积小，操作方便，进药与出粉末都是在封闭条件下进行的，这样可以避免粉末飞扬，减少损耗，提高原药材出粉量。

⑤ 在操作机械粉碎过程中，应注意机械运转工作情况。因为三七自身含有丰富的糖类，且原药材质地坚硬，在粉碎过程中机械容易发热，长时间工作易发生粉末与机械粘连结块现象，使机械刀片无法运转，故在操作时应使机械间歇工作，避免不必要的损耗。此法特点在于三七受热均匀，干燥而不焦；粉碎机不装筛板时，出口风量大，出料快，极其不易发热，无损筛板，再装上筛板粉碎便可得到所需细粉；生产效率较人工粉碎提高 100 倍以上，且减轻了劳动强度，成品损耗率仅为 3%以下。

⑥ 刚开始洗脱时，从树脂柱内排出的液体是 5%～10%的乙醇溶液，洗至排出液带有颜色及乙醇味时，表明排出的为药液，将其排至脱糖液储罐。

⑦ 洗脱过程中必须随时取样测试，用试管从脱糖树脂柱底部的取样口取少许药液，加入少量的饮用水，用力摇动，仔细观察。若有泡沫产生，且静止 2～5min 后泡沫不消失，则表明药液还未洗完，继续洗脱；若无泡沫产生，则表明药液已洗脱完全，关闭乙醇高位槽出口阀。打开纯化水高位槽底部出水阀及洗脱离子交换柱顶部进水阀，用试管从洗脱柱树脂底部的取样口取少许液体测定其浓度，大于等于 30%的部分将其排至乙醇回收罐，若小于 30%则打开树脂柱底部排污阀将其外排，用纯化水洗至树脂柱排出的水无味、无色后，关闭树脂柱底部的排污阀，使纯化水液面保持在树脂面以上 2～3cm 处。

课后练习

1. 单选题

（1）按国家规定，中药饮片含水量应控制在（　　　）。

　　A. 10%～12%　　　　　　　　　　B. 9%～13%

　　C. 12%～13%　　　　　　　　　　D. 11%～13%

（2）当库房温度超过 34℃时出现走油现象的药物是（　　　）。

    A. 种子类药材　　　　　　　　　　B. 含糖类较多的药材

    C. 动物类药材　　　　　　　　　　D. 矿物类药材

（3）治外感风寒，恶寒发热，头痛项强，肢体酸痛，首选（　　　）。

    A. 细辛　　　　　　　　　　　　　B. 白芷

    C. 羌活　　　　　　　　　　　　　D. 藁本

（4）长于清除下焦湿热的药物是（　　　）。

    A. 黄连　　　　　　　　　　　　　B. 黄芩

    C. 黄柏　　　　　　　　　　　　　D. 连翘

（5）按国家规定，库房相对湿度应保持在（　　　）。

    A. 35%～80%　　　　　　　　　　B. 40%～75%

    C. 35%～75%　　　　　　　　　　D. 35%～60%

（6）当库房温度超过 34℃时，易发生粘连变味的药物是（　　　）。

    A. 种子类药材　　　　　　　　　　B. 含糖类较多的药材

    C. 动物类药材　　　　　　　　　　D. 植物类药材

（7）治温热病邪在气分，壮热、汗出、烦渴、脉洪大者，首选（　　　）。

    A. 石膏　　　　　　　　　　　　　B. 知母

    C. 黄芩　　　　　　　　　　　　　D. 金银花

2. 多选题

（1）库房温度过高或过低会造成中药饮片（　　　）。

    A. 有效成分受损　　　　　　　　　B. 霉烂变质

    C. 疗效降低　　　　　　　　　　　D. 成分变化

（2）引起中药饮片出现变异现象的主要因素是：（　　　）。

    A. 外界条件　　　　　　　　　　　B. 运输条件

    C. 产地条件　　　　　　　　　　　D. 药物自身性质

（3）发现中药饮片发霉后应立即（　　　）。

    A. 刷霉后晒干　　　　　　　　　　B. 淘洗后晒干

    C. 沸水喷洗晒干　　　　　　　　　D. 醋洗

（4）常见中药饮片变异现象有（　　　）。

    A. 虫蛀　　　　　　　　　　　　　B. 发霉

    C. 变色　　　　　　　　　　　　　D. 走油

参考文献

[1] 国家药典委员会. 中华人民共和国药典 2020 年版（一部）[S]. 北京：中国医药科技出版社，2020.

[2] 李华生，周振华，张航航，等. 金银花中总黄酮和绿原酸加压同步提取的工艺优化[J]. 食品工业科技，2019，40（4）：172-177.

[3] 王鑫, 李楠, 齐佳慧, 等. 金银花中绿原酸的提取工艺研究[J]. 黑龙江大学工程学报, 2020, 11 (3): 36-39.

[4] 凌益平. 金银花中绿原酸的工业化提取纯化方法探讨[J]. 药学研究, 2013, 32(1): 55-57.

[5] 曹晓琴, 吴永娟, 宁海伦, 等. 不同提取方法对金银花中绿原酸成分提取效果的影响[J]. 江汉大学学报 (自然科学版), 2019, 47 (4): 351-356.

[6] 李杰, 陈道鸽, 王兵兵, 等. 水热法提取金银花中绿原酸的工艺研究[J]. 食品研究与开发, 2018, 39 (2): 62-67.

第六章

固体制剂生产虚拟仿真实训

第一节 阿司匹林片剂与胶囊剂生产虚拟仿真实训

一、产品概述

阿司匹林（aspirin），又名乙酰水杨酸，是一种有机化合物，化学式为 $C_9H_8O_4$，主要用作解热镇痛、非甾体抗炎药，抗血小板聚集药。本品遇湿气即缓缓水解，在乙醇中易溶，在三氯甲烷或乙醚中溶解，在水或无水乙醚中微溶，在氢氧化钠溶液或碳酸钠溶液中溶解，但同时分解。阿司匹林的理化性质见表 6-1。

表 6-1　阿司匹林的理化性质

密度/（g/cm^3）	1.34	折射率	1.551
熔点/℃	136～140	外观	白色结晶性粉末
沸点/℃	321.4	溶解性	溶于乙醇、乙醚，微溶于水
闪点/℃	131.1		

二、工艺流程简介

1. 工艺原理

片剂：指将药物与适宜的辅料均匀混合，通过制剂技术压制而成的片状固体制剂，主要供口服。

片剂的辅料：填充剂、润湿剂、黏合剂、崩解剂、润滑剂。

制备方法：粉末直接压片、干法制粒压片和湿法制粒压片（除对湿、热不稳定的药物之外，多数药物采用湿法制粒压片）。

半成品阿司匹林原料药，经过粉碎、制粒、总混、压片、填充、包装等工序被制成成品。生产岗位包括：领料称量、粉碎过筛、制软材、挤压制粒和干燥、整粒总混、压片、全自动硬胶囊填充、包装。

2. 主要工艺过程

（1）阿司匹林片剂的生产工艺

原料准备：首先需要准备阿司匹林的药物原料，通常是将阿司匹林制成粉末状。

配方混合：将原料阿司匹林与其他辅料（如填充剂、黏合剂等）按照一定比例混合。

造粒：将混合好的粉末进行湿法造粒，即将粉末与润湿剂混合后通过压制制成颗粒状。

压片：将造粒后的颗粒状物料置于片剂压片机中，通过一定的压力和模具形成阿司匹林片剂。

表面处理：对于部分片剂，可能需要进行表面处理，如涂膜、划痕等。

包装：对片剂进行包装、标识等，以便贮存和使用。

（2）阿司匹林胶囊剂的生产工艺

原料准备：同样需要准备阿司匹林的药物原料，通常是将阿司匹林制成粉末状。

配方混合：将原料阿司匹林与其他辅料（如填充剂、胶囊壳材料等）按照一定比例混合。

胶囊制备：将混合好的物料通过胶囊制备设备，将药物填充到胶囊壳中。

封合：将填充好药物的胶囊壳通过封合设备进行封合，形成完整的胶囊剂。

包装：对胶囊剂进行包装、标识等，以便贮存和使用。

3. 工艺流程框图

片剂制备流程可扫码获取。

片剂制备流程

三、生产工艺操作虚拟仿真

1. 领料称量

① 点击称量间的生产状态标识，检查生产现场是否合格（图6-1）。

图6-1　检查生产状态标识

② 对生产现场地架、记录、设备进行检查（图6-2）。

图6-2　检查生产现场

③ 检查电子秤、电子天平、压差计是否在校验有效期内（图6-3）。

图6-3　检查电子秤、电子天平、压差计

④ 读取压差计数值，确认房间压差是否合格（图6-4）。

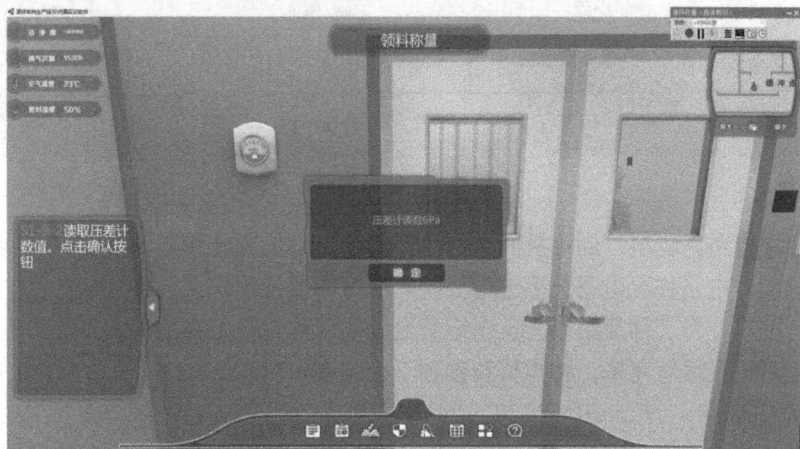

图6-4　检查压差

⑤ 确认相关批生产记录已领取，填写生产前检查记录（图6-5）。

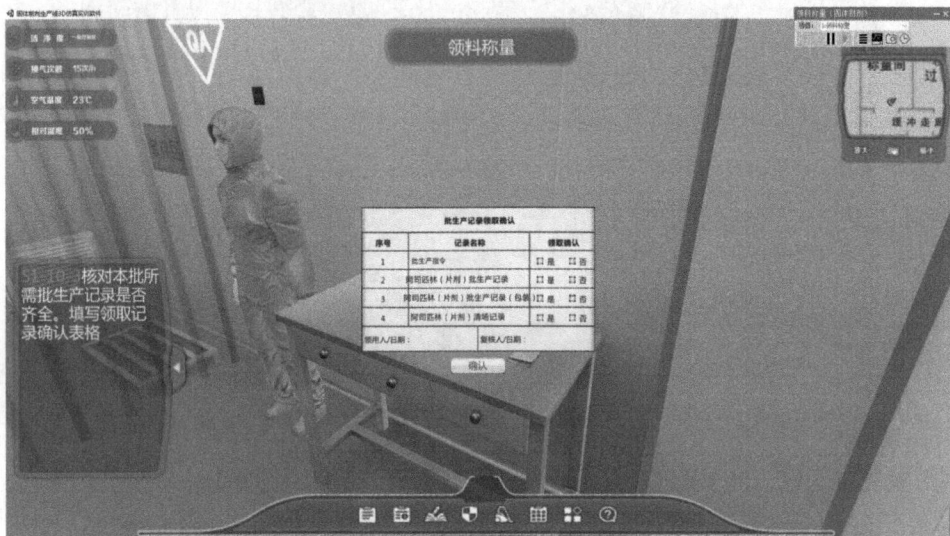

图6-5　填写生产前检查记录

⑥ 领取生产许可证，放入生产现场状态牌中。到原辅料包材暂存间领取所需物料（图 6-6），并填写物料状态、物料标签等信息。

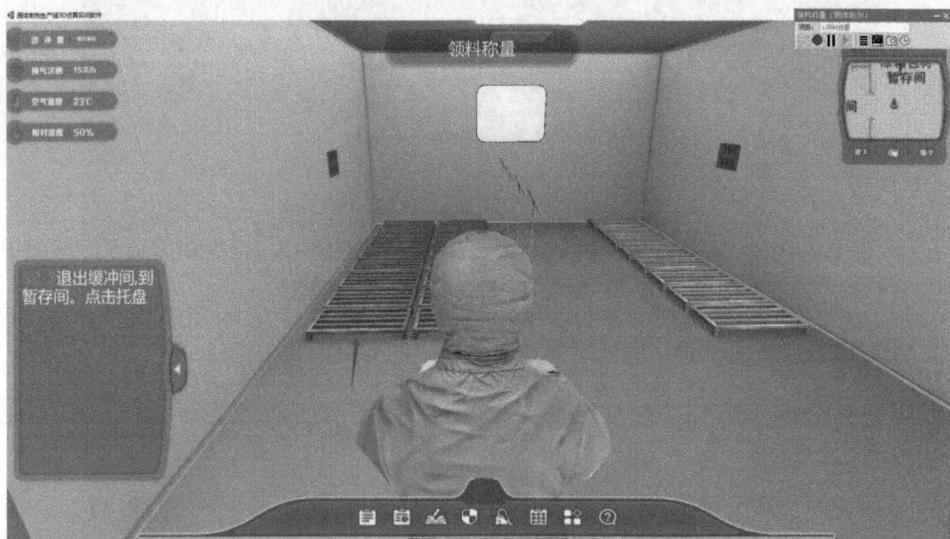

图6-6　领取物料

⑦ 确定本批所需物料，到称量间点击生产指令，领取并转移物料。

⑧ 称量前对电子秤、电子天平进行校验。填写衡器使用记录。

⑨ 进行物料称量。称量结束，点击记录台的物料称量记录并填写。

⑩ 批生产记录填写完毕，将物料转移到下一工序。

2. 粉碎过筛

① 生产前检查：对生产区域进行生产前检查确认（图6-7）。

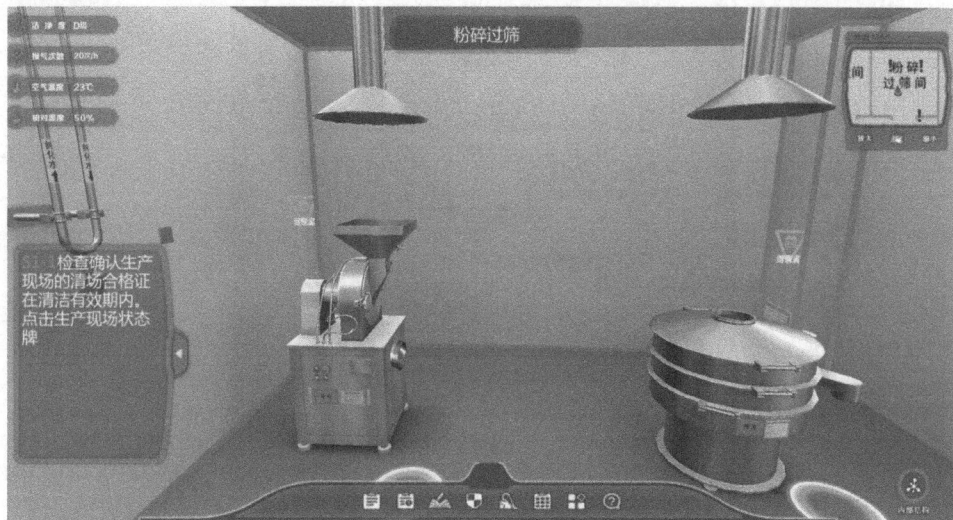

图6-7 生产前检查

② 生产区域确认完毕，由 QA 质检员发放生产许可证。将生产许可证放入生产区的状态牌中。

③ 到物料暂存区领取物料。查看物料标签，确认领取的物料正确。

④ 准备本次生产所用的接料桶。选择合适筛网、布袋进行安装。

⑤ 确认除尘机开启状态，更改设备状态标识。进行空载试机（图 6-8），确保万能粉碎机的运转无异常。

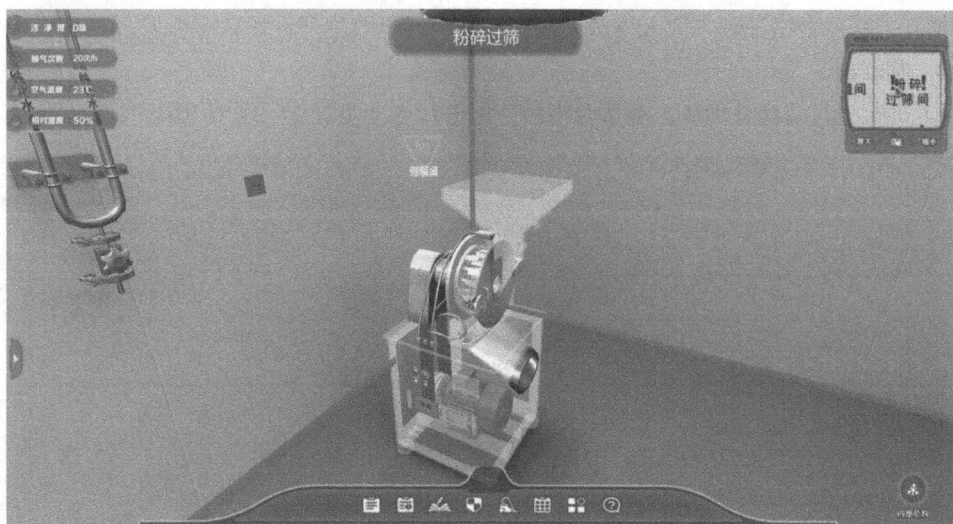

图6-8 空载试机

⑥ 开始投料进行粉碎操作（图 6-9）。粉碎操作完成后，安装筛网等部件，准备对粉碎后的物料进行筛分操作。

⑦ 确认除尘机开启状态，更改设备状态标识牌。进行空载试机，确保旋振筛的运转无异常。

图6-9 粉碎

⑧ 开始投料进行筛分操作。对没有通过筛网的物料进行二次粉碎，将二次粉碎后的物料进行二次筛分。检查确认万能粉碎机和旋振筛筛网等部件的完整性。

⑨ 将本工序生产完毕的物料进行称重后填写批生产记录，并将填写完的批生产记录转移至下一工序。此外，将物料贴好标签后转移至下一工序。

⑩ 生产后清场：更改设备状态标识；对生产区域进行清洁消毒。清场结束后由 QA 发放合格证，并将合格证副本放入生产现场状态牌内，更改生产现场状态标识。

3. 制软材

① 进行生产前检查确认，确认合格后方可进行下一步操作（图6-10）。

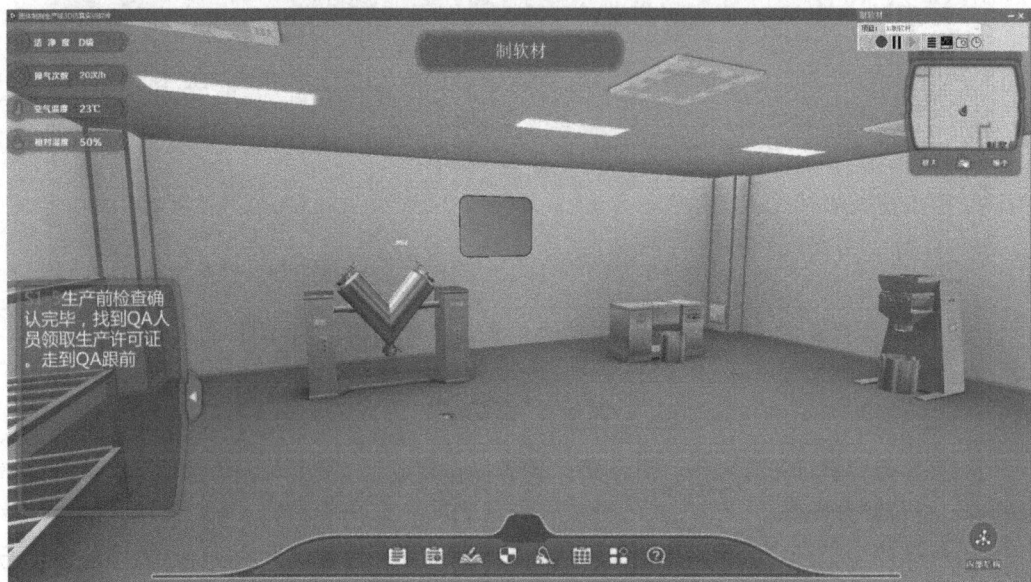

图6-10 制软材生产前检查

②　按照工艺处方领取物料并记录，进行设备的生产前检查、V 形混合机的空转运行检查，并进行加料和生产操作。生产结束后转移物料，填写生产记录。

③　进行制浆锅的生产前设备检查，更改设备标识后进行生产操作，观察生产过程，控制浆料的组分比例，生产结束后进行物料转移及生产记录的填写。

④　进行槽型混合机的设备运行前检查，更改设备标识，然后进行设备操作及生产过程中的工艺控制，生产结束后关闭槽型混合机。

⑤　生产后清场：清洗 V 形混合机、制浆锅、槽型混合机等生产设备并修改状态标识牌，对生产区域进行清洁和消毒。

⑥　清场结束后由 QA 发放合格证，并将合格证副本放入生产现场状态牌内，更改生产现场状态标识。

4. 挤压制粒和干燥

①　进行生产前检查确认，确认合格后方可进行下一步操作。

②　生产区域确认完毕，由 QA 质检员发放生产许可证。

③　安装摇摆式颗粒机，调节机爪及双侧的隔离窗，安装筛网，利用旋转固定柱固定筛网并拉紧，启动摇摆式颗粒机，用物料桶接料，并进行再加料的操作（图 6-11）。

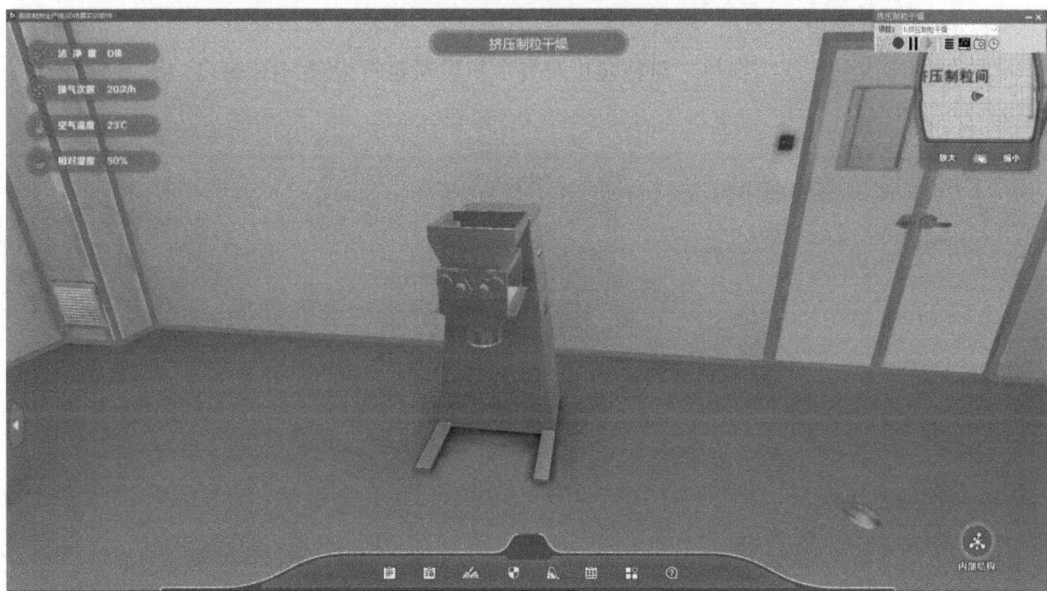

图 6-11　挤压制粒干燥场景

④　生产结束，关闭摇摆式颗粒机电源。

⑤　开启烘箱电源，将小车推入烘箱，关闭烘箱门，操作烘箱的设备面板，进行温度设置、风机设置、加热设置等（图 6-12）。

⑥　烘干时间到达后停止风机，开烘箱门，推出小车，关闭烘箱。

⑦　清洗烘箱并修改状态标识牌。清洗摇摆式颗粒机并修改状态标识牌。

⑧　对生产区域进行清洁和消毒。清场结束后由 QA 发放合格证，并将合格证副本放入生产现场状态牌内。

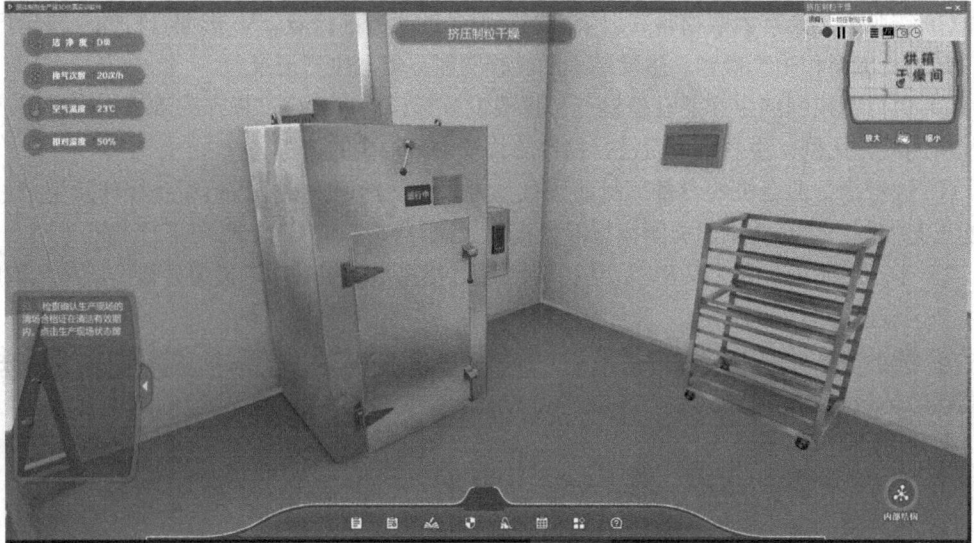

图6-12 烘干

5. 整粒总混

① 进行生产前检查确认，确认合格后方可进行下一步操作。

② 领取本次生产所需物料，对整粒机及混合机设备进行检查（图6-13，图6-14）并修改设备状态标识。

图6-13 检查整粒机

③ 开启整粒机设备，操作控制杆，安装料车，安装接料斗，开启整粒操作，观察整粒机加料漏斗处的物料情况。

④ 运行结束后关闭整粒机，然后开启混合机，设定混合机的转动速度和转动时间。

⑤ 进行料斗的进料和出料操作，停止设备，打印运行记录，填写生产记录并转移至下一工序。

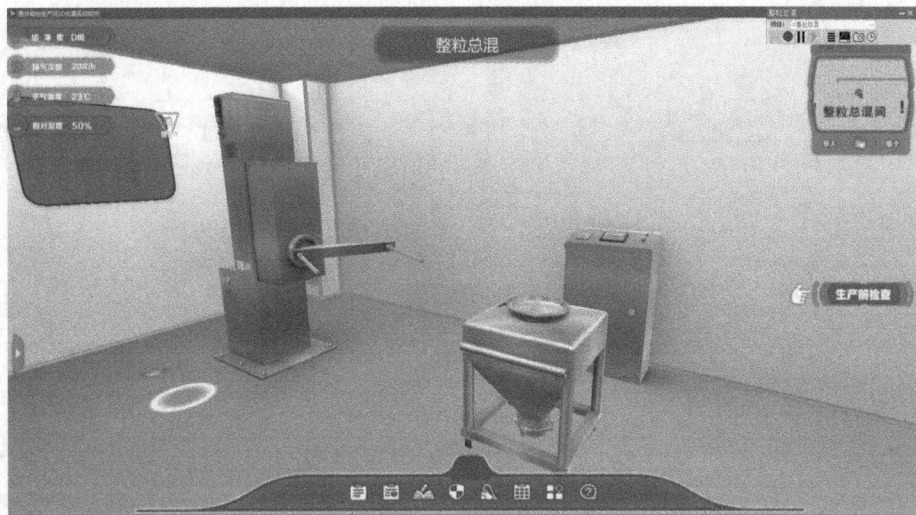

图6-14　检查混合机

6. 压片

① 进行生产前检查确认，确认合格后方可进行下一步操作（图6-15）。

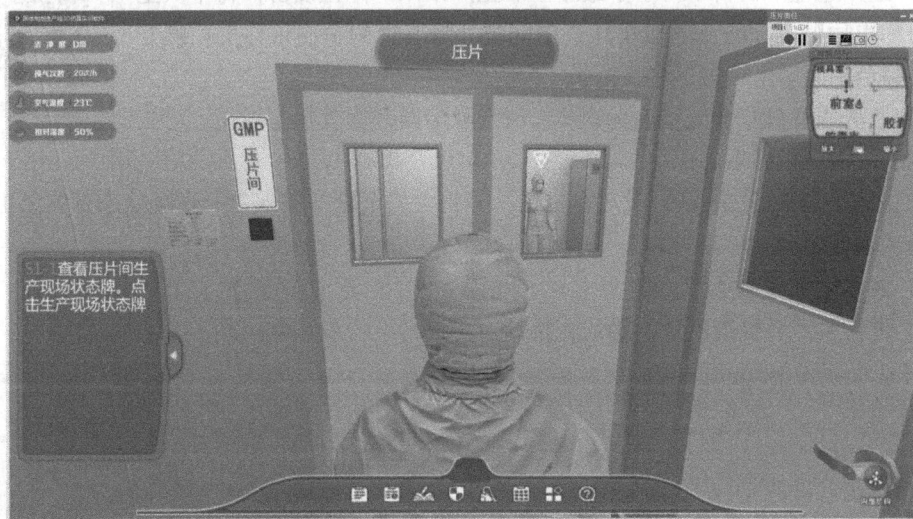

图6-15　压片间生产前检查

② 生产区域确认完毕，由 QA 质检员发放生产许可证。将生产许可证放入生产区的状态牌中。

③ 安装压片机的冲头及其他部件。安装完毕进行空载试运行，确认运行灵活、正常。

④ 更改状态标识牌，开始试生产操作。向料斗内加入物料，点动运行试生产，取样检测压片的硬度和片重。满足生产工艺要求的压力值为 5kN，片重为 0.5g/片时为检测合格，之后方能进行下一步操作。

⑤ 调整设备的压力和填充量的大小。

⑥ 点动运行试生产，取样检测压片的硬度和片重。将试生产物料称重标记后转移至不合格品区。启动设备，开始进行正常生产操作（图6-16）。

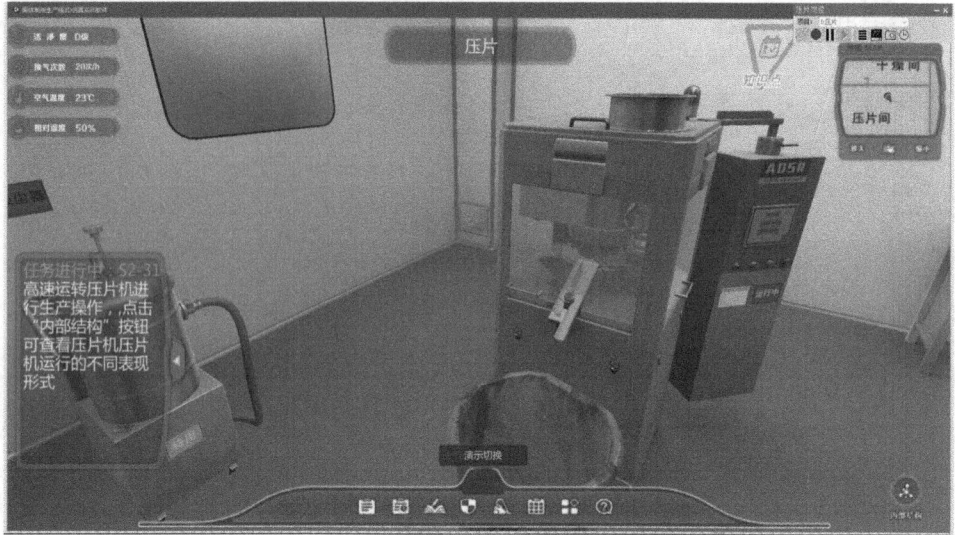

图6-16 压片

⑦ 压片过程中每15min检测一次片重及硬度，确保生产的稳定性。

⑧ 生产过程中物料不得小于最小量。生产结束，停止设备，将本次生产物料称重后贴好标签及请检单送交中间站。将本批剩余物料称重后贴好标识转移至中间站。填写批生产记录。

⑨ 清洗压片机并修改状态标识牌，清洗吸尘器并修改状态标识。对生产区域进行清洁和消毒。

⑩ 清场结束后，由QA发放合格证，并将合格证副本放入生产现场状态牌内。更改生产现场状态标识。

7. 全自动硬胶囊填充

① 进行生产前检查确认，确认合格后方可进行下一步操作（图6-17）。

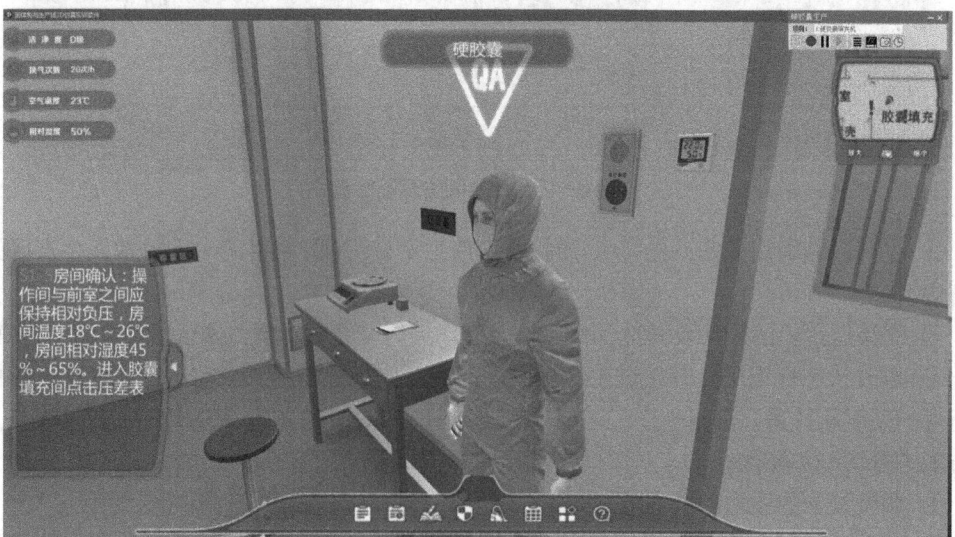

图6-17 硬胶囊填充生产前检查

② 领取对应的生产物料，并与 QA 处复核，对硬胶囊填充设备进行检查（图 6-18）并连接对应的阀门管路。

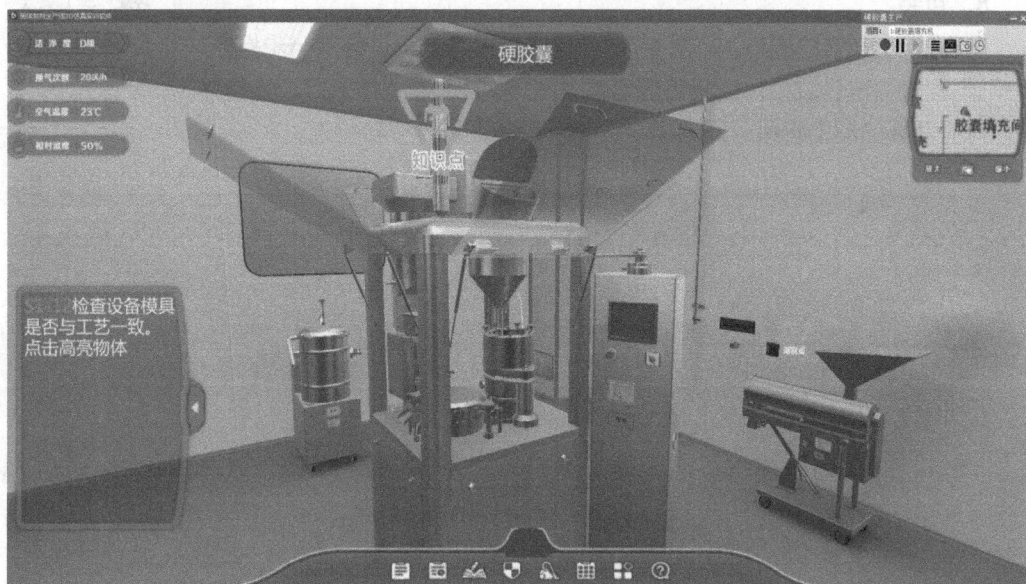

图 6-18 检查硬胶囊填充设备

③ 开启硬胶囊填充机，对设备进行空载运行（图 6-19）和点动检查，开启"油泵开关"等对设备进行自查。操作硬胶囊填充机控制面板设置参数。

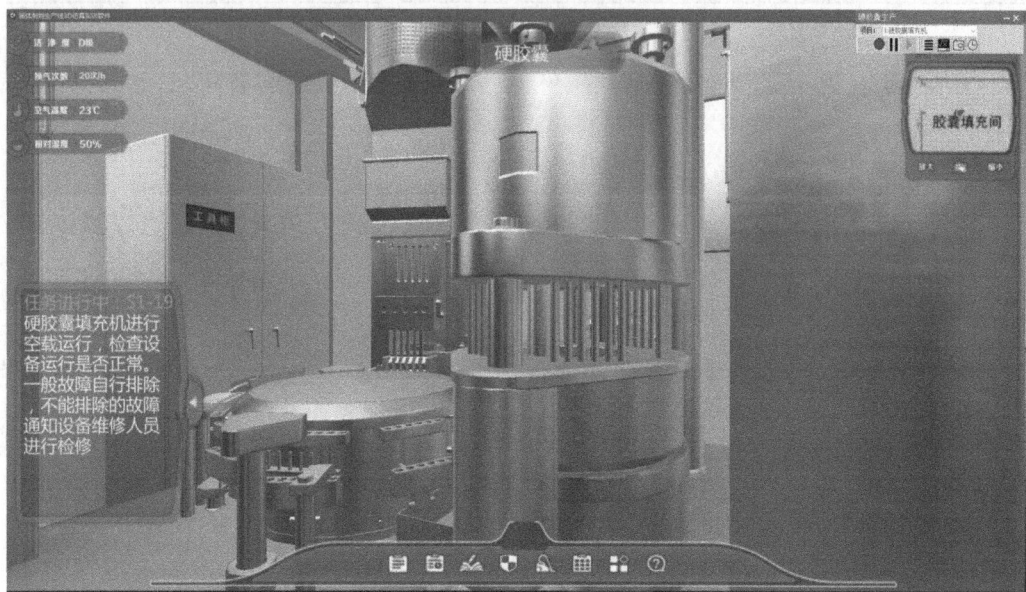

图 6-19 空载运行

④ 将物料投入设备进行生产，控制设备参数并在生产过程中进行检查。

⑤ 清洗硬胶囊填充机生产设备并修改状态标识牌。

⑥ 对生产区域进行清洁和消毒。清场结束后，由 QA 发放合格证，并将合格证副本放入生产现场状态牌内。

8. 包装

① 进行生产前检查确认（图 6-20），确认合格后方可进行下一步操作。

② 检查铝塑包装机，安装铝塑薄膜（图 6-21）、冲模模具等。连接并开启对应需要的辅助管路，开启铝塑包装机设备，进行空转检查。

硬胶囊填充机运行原理视频

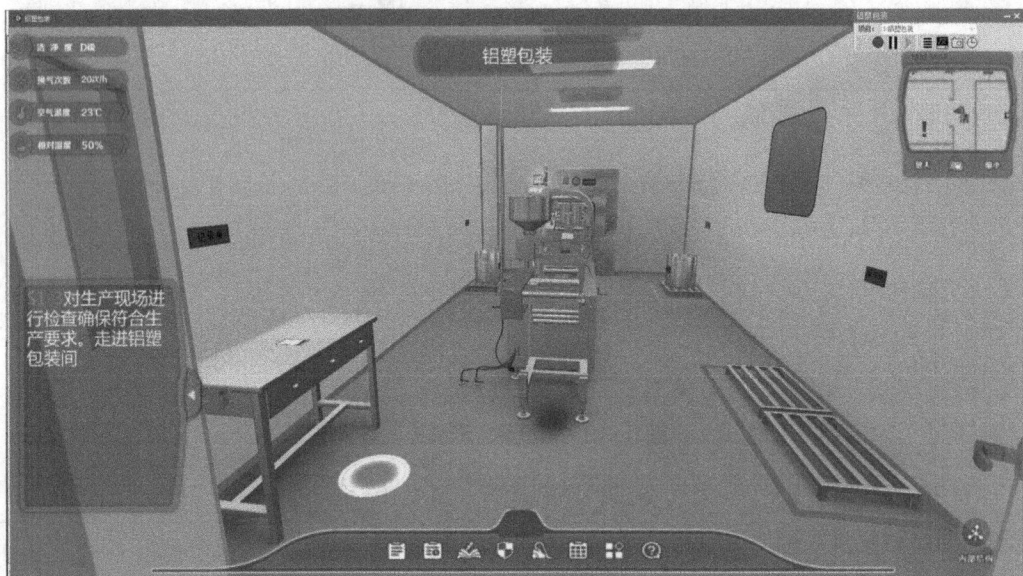

图 6-20　生产前检查

图 6-21　铝塑包装机附件的安装

③ 进行铝塑包装机运行参数的设置，加入物料，开始进行生产，观察生产过程并进行取样，QA 对其进行生产过程中的检查。

④ 等待生产结束后停止设备，转移物料并填写记录。关闭铝塑包装机并更换设备状态标识牌。

⑤ 清洗铝塑包装机生产设备并修改状态标识牌。对生产区域进行清洁和消毒。

⑥ 清场结束后，由 QA 发放合格证，并将合格证副本放入生产现场状态牌内，更改生产现场状态标识。

四、注意事项

① 只有经过培训的人员才能进入洁净区。

② 洁净区内的人数应严格控制，尽可能做到工序需要的最低人数进入。

③ 人员便服不得带进洁净区的更衣室。

④ 物料、物品等进入车间前应在指定位置清洁外表面，再通过物流通道经净化消毒后进入洁净区。物料的传入传出只能经由物流通道。

⑤ 定期检查机件，每月 1 或 2 次。检查压轮等各活动部分是否转动灵活、是否磨损，发现缺陷应及时修复后使用。

⑥ 每次使用完毕或停工时，应取出剩余物料，清洗设备各部分的残留粉末。如停用时间较长（超过一个月），必须把冲模模具全部拆下，并将机器全部擦拭干净，机件表面涂防锈油，用布篷罩好。

⑦ 冲模模具的拆装、清洗要轻拿轻放，切勿碰伤。

⑧ 冲模模具应放置在指定位置，并全部浸入油中，保持清洁，勿使其生锈和碰伤。

课后练习

1. 单选题

（1）产品质量回顾分析的回顾时间为（   ），具体时间段由企业自定。

    A. 半年　　　　　B. 一年　　　　　C. 无具体规定　　　D. 二年

（2）质量风险管理过程所采用的方法、措施、形式及形成的文件应当与存在的（   ）相适应。

    A. 风险的级别　　　　　　　　　B. 管理的方法

    C. 缺陷问题　　　　　　　　　　D. 纠正与预防措施

（3）改变原辅料、与药品直接接触的包装材料、生产工艺、主要生产设备以及其他影响药品质量的主要因素时，还应当对变更实施后最初至少（   ）个批次的药品质量进行评估。

    A. 2　　　　　　　B. 3　　　　　　　C. 4　　　　　　　D. 以上都不是

（4）药品生产的岗位操作记录应由（   ）及时填写。

    A. 班长　　　　　　B. 工艺员　　　　　C. QA 人员　　　　D. 岗位操作人员

（5）物料供应商的确定及变更应当进行质量评估，并经（   ）批准后方可采购。

    A. 供应总公司　　　B. 质量管理部门　　　C. 生产部　　　　D. 管理部

（6）质量标准、工艺规程、操作规程、稳定性考察、确认、验证、变更等其他重要文件保存期限应当是（　　）。

    A. 长期　　　　　　　　　　　　B. 药品有效期后1年

    C. 2年　　　　　　　　　　　　　D. 5年

（7）2014年10月1日起施行的《药品委托生产监督管理规定》中规定，委托方负责委托生产药品的质量，（　　）负责委托生产药品的批准放行。

    A. 委托方　　　B. 受托方　　　C. 委托方和受托方　　　D. 未明确规定

（8）截至2014年12月，全国共有4100家药品生产企业取得新版GMP证书，但有50家药品生产企业被收回GMP证书，涉及中药生产的有（　　）家。中药企业已成为"重灾区"。

    A. 30　　　　　　B. 40　　　　　　C. 20　　　　　　D. 25

（9）下面事件中，未严格执行生产工艺，降低灭菌温度，缩短灭菌时间，增加灭菌柜装载量，影响了灭菌效果，从而引起严重不良反应的是（　　）。

    A. 2007年上海华联的"甲氨蝶呤事件"（也称"氨甲蝶呤事件"）

    B. 2006年安徽华源"欣弗"事件

    C. 2006年"齐二药"事件

    D. 2012年"毒胶囊"事件

2. 多选题

（1）物料应当根据其性质有序分批贮存和周转，发放及发运应当符合（　　）的原则。

    A. 合格先出　　　B. 先进先出　　　C. 急用先出　　　D. 近效期先出

（2）为保持生产药品洁净区的洁净度，洁净区（　　）。

    A. 应定期消毒

    B. 使用的消毒剂不得对设备、物料和成品产生污染

    C. 消毒剂品种应定期更换，防止产生耐药菌株

    D. 不同空气洁净级别的洁净室（区）之间的人员及物料加入，应有防止交叉感染的措施

    E. 有水池、地漏的，不得对药品产生污染

（3）批生产记录的每一页应当标注产品的（　　）。

    A. 规格　　　　　B. 数量　　　　　C. 名称　　　　　D. 批号

（4）以下说法正确的是（　　）。

    A. 如原料药生产企业有供应商审计系统，供应商的检验报告可以用来代替其他项目的测试

    B. 原料药生产工艺中，如果投料量不固定，应当注明每种批量或产率的计算方法。如有正当理由，可制定投料量合理变动的范围

    C. 可将同一原料药的多批零头产品混合成为一个批次（包括少量不合格批次）

    D. 连续生产的原料药，在一定时间间隔内生产的、在规定限度内均质的产品为一批

（5）生产区、仓储区应当禁止吸烟和饮食，禁止存放（　　）等非生产用物品。

    A. 食品　　　　　B. 饮料　　　　　C. 香烟　　　　　D. 个人用药品

（6）生产设备清洁的操作规程应当规定具体而完整的清洁方法、清洁用设备或工具、清洁剂的名称和配制方法以及（　　　），使操作者能以可重现的、有效的方式对各类设备进行清洁。

    A. 去除前一批次标识的方法

    B. 保护已清洁设备在使用前免受污染的方法

    C. 已清洁设备最长的保存时限

    D. 使用前检查设备清洁状况的方法

（7）中间产品和待包装产品应当有明确的标识，并至少标明下述内容（　　　）。

    A. 产品名称和企业内部的产品代码   B. 产品批号

    C. 数量和质量（如毛重、净重等）   D. 生产工序（必要时）

    E. 产品质量状态（必要时，如待验、合格、不合格、已取样）

第二节　复方金银花颗粒生产虚拟仿真实训

一、产品概述

1. 临床用途

复方金银花是清热解毒、凉血消肿的中成药，用于治疗风热感冒、咽炎、目痛、牙痛及痈肿疮疖等。

2. 性状

复方金银花颗粒由金银花、连翘、黄芩加工而成，为浅黄色的颗粒，味甜、微苦。

二、工艺流程简介

1. 工艺原理

中药颗粒的制备工艺通则为：领料称量→粉碎过筛→制软材→干燥制粒→整粒总混→颗粒包装。在整个过程中，可采用动态提取、真空低温干燥或瞬间喷雾干燥、干法制粒、高速搅拌制粒、一步制粒等技术。

2. 主要工艺过程

① 领料称量：领取生产所需的原料及辅料，按照生产工艺要求称取物料。

② 粉碎过筛：将称量好的辅料进行粉碎、过筛，转入制粒间。

③ 制软材：使用制浆锅，将原料与辅料按比例混合。

④ 干燥制粒：将浓缩液进行干燥，得到干燥的颗粒状药材。采用喷雾干燥、真空干燥等方法，保证药材的质量和稳定性。

⑤ 整粒总混：将本批次物料进行整粒混合，以确保颗粒的均匀性和稳定性，便于后续的包装和使用。

⑥ 包装贮存：将干燥的颗粒状药材进行包装，密封贮存。包装材料应当符合药品包装的要求，以保证药材的质量和保存期限。

3. 工艺流程框图

颗粒剂制备流程可扫码获取。

颗粒剂制备流程

三、生产工艺操作虚拟仿真

1. 领料称量

① 点击称量间的生产状态标识，检查生产现场是否合格（图6-22）。

图6-22　检查生产状态标识

② 对生产现场地架、记录、设备进行检查（图6-23）。

图6-23　检查生产现场

③ 检查电子秤、电子天平、压差计是否在校验有效期内（图6-24）。

图6-24 检查电子秤、电子天平、压差计

④ 读取压差计数值，确认房间压差是否合格（图6-25）。

图6-25 检查压差

⑤ 确认相关批生产记录已领取，填写生产前检查记录（图6-26）。

⑥ 领取生产许可证，放入生产现场状态牌中。

⑦ 到原辅料包材暂存间领取所需物料（图6-27），并填写物料状态、物料标签等信息。

⑧ 确定本批所需物料，到称量间点击生产指令，领取并转移物料。

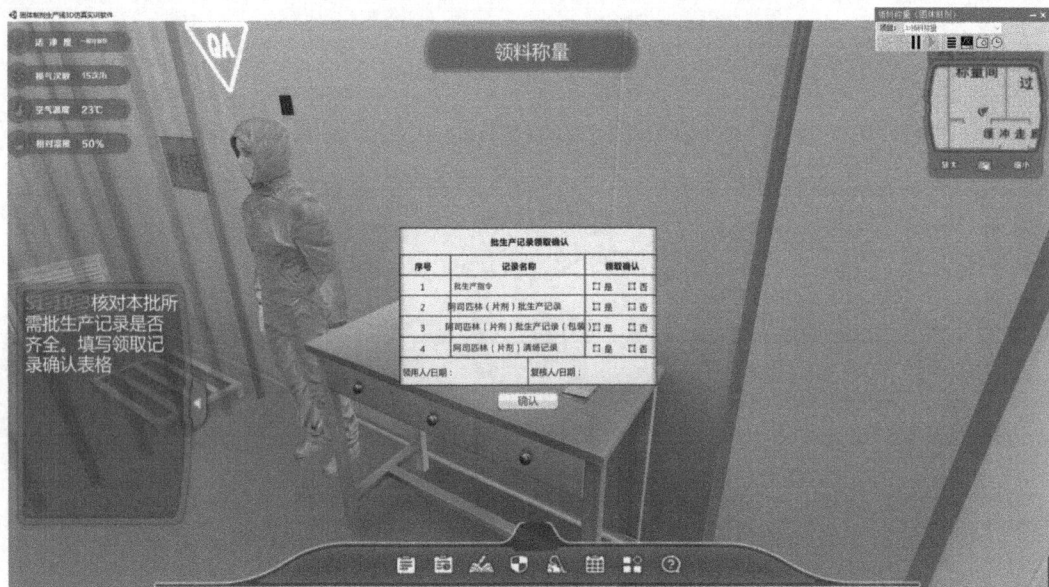

图 6-26　填写生产前检查记录

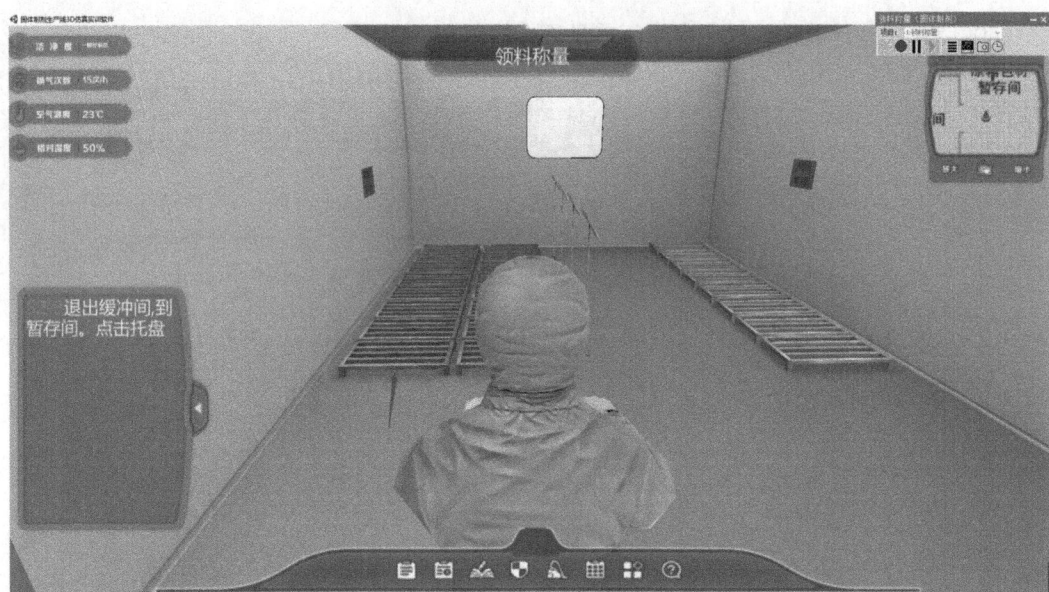

图 6-27　领取物料

⑨ 称量前对电子秤、电子天平进行校验。填写衡器使用记录，进行物料称量。称量结束，点击记录台的物料称量记录并填写。

⑩ 批生产记录填写完毕，将物料转移到下一工序。

2. 粉碎过筛

① 生产前检查：对生产区域进行生产前检查确认（图 6-28）。

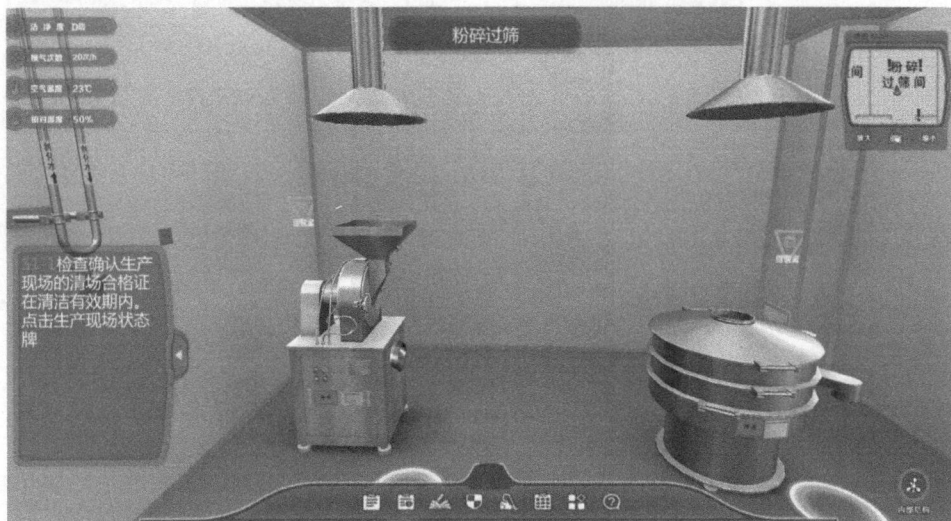

图6-28　生产前检查

② 生产区域确认完毕，由 QA 质检员发放生产许可证。将生产许可证放入生产区的状态牌中。

③ 到物料暂存区领取物料。查看物料标签，确认领取的物料正确。

④ 准备本次生产所用的接料桶。选择合适筛网、布袋进行安装。

⑤ 确认除尘机开启状态，更改设备状态标识。进行空载试机（图6-29），确保万能粉碎机的运转无异常。

图6-29　空载试机

⑥ 开始投料进行粉碎操作（图6-30）。粉碎操作完成后，安装筛网等部件，准备对粉碎后的物料进行筛分操作。

⑦ 确认除尘机开启状态，更改设备状态标识牌。进行空载试机，确保旋振筛的运转无异常。

图6-30 粉碎

⑧ 开始投料进行筛分操作。对没有通过筛网的物料进行二次粉碎，将二次粉碎后的物料进行二次筛分。检查确认万能粉碎机和旋振筛筛网等部件的完整性。

⑨ 将本工序生产完毕的物料进行称重后填写批生产记录，并将填写完的批生产记录转移至下一工序。此外，将物料贴好标签后转移至下一工序。

⑩ 生产后清场：更改设备状态标识；对生产区域进行清洁消毒。清场结束后由 QA 发放合格证，并将合格证副本放入生产现场状态牌内，更改生产现场状态标识。

3. 制软材

① 进行生产前检查确认，确认合格后方可进行下一步操作（图6-31）。

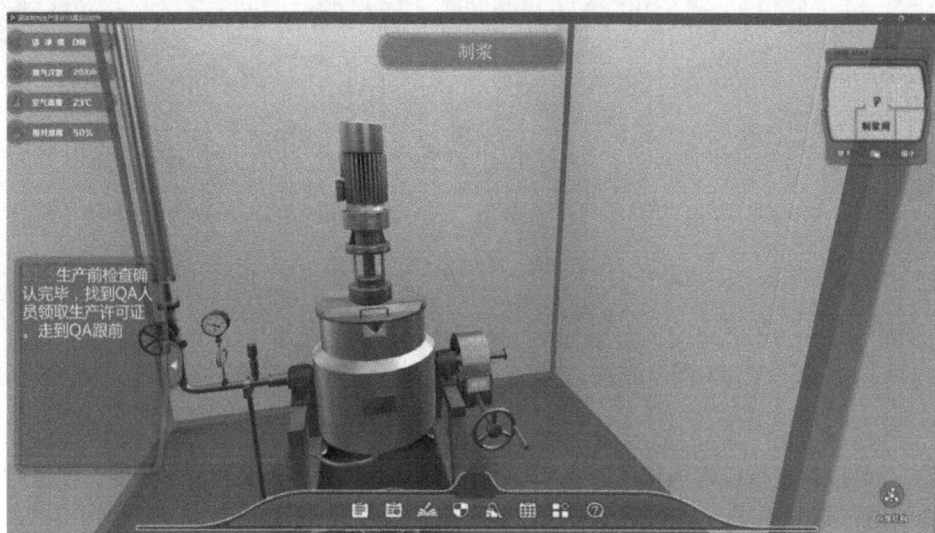

图6-31 制软材生产前检查

② 进行制浆锅的生产前设备检查，更改设备标识后进行生产操作，观察生产过程，控

制浆料的组分比例，生产结束后进行物料转移及生产记录的填写。

③ 生产后清场：清洗制浆锅、槽型混合机等生产设备并修改状态标识牌，对生产区域进行清洁和消毒。

④ 清场结束后由 QA 发放合格证，并将合格证副本放入生产现场状态牌内，更改生产现场状态标识。

4. 流化床制粒和干燥

① 进行生产前检查确认，确认流化床制粒间环境合格后方可进行下一步操作（图 6-32）。

② 检查确认温湿度、压差合格后，由 QA 质检员发放生产许可证。

图 6-32　流化床制粒生产前检查

③ 检查确认流化床制粒机设备状态，确认正常后，接通电源。

④ 运行正常，解锁干燥室，检查并安装捕集袋（图 6-33），确认无误后，锁定干燥室。

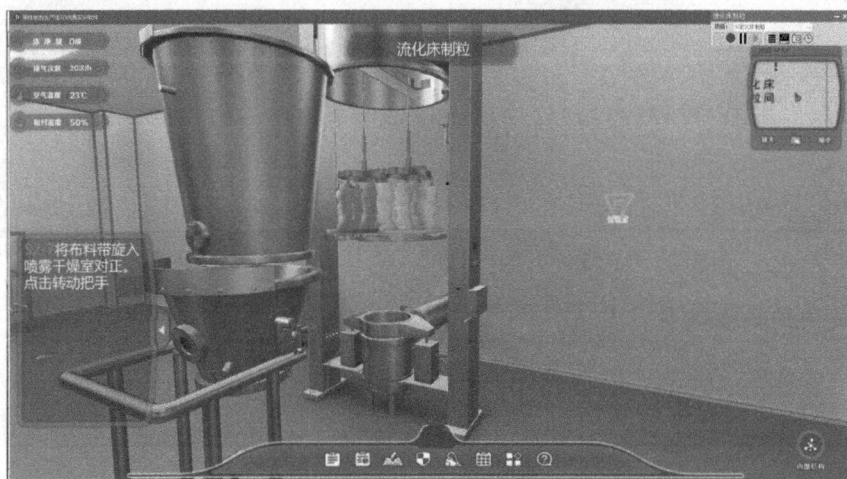

图 6-33　安装捕集袋

⑤ 检查进料小车，连接压缩空气和液体喷枪管路。

⑥ 将喷枪安装到干燥室，安装温度探头，启动风机，空载试运行。

⑦ 运行正常后，开启自动进料口进料，启动供浆泵，待喷枪角度、压力正常后，启动流化床制粒机。

⑧ 生产结束后，取下喷枪、温度探头，断开管路，推出进料小车，将物料转移。填写生产记录，进行清场操作，填写清场记录，更改状态标识。

5. 整粒总混

① 进行生产前检查确认，确认合格后方可进行下一步操作。

② 领取本次生产所需物料，对整粒机及混合机设备进行检查（图 6-34，图 6-35）并修改设备状态标识。

图 6-34　检查整粒机

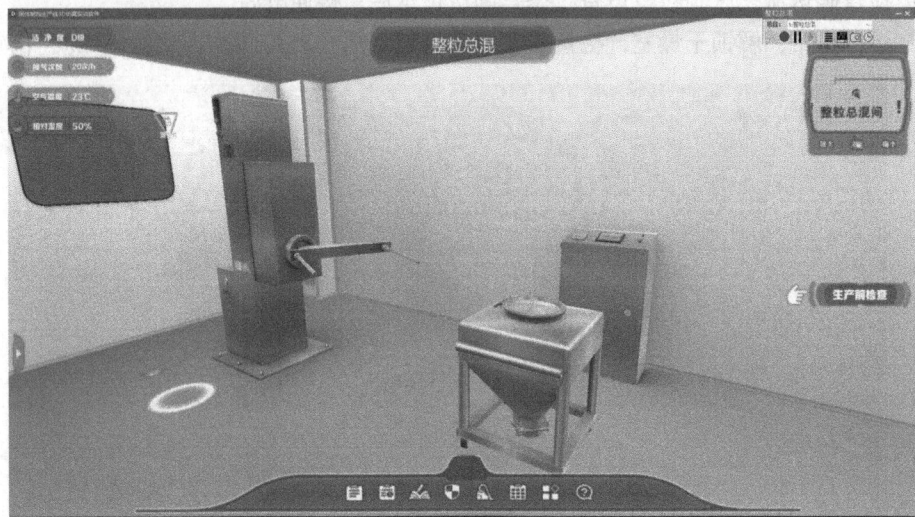

图 6-35　检查混合机

③ 开启整粒机设备，操作控制杆，安装料车，安装接料斗，开启整粒操作，观察整粒机加料漏斗处的物料情况。

④ 运行结束后关闭整粒机，然后开启混合机，设定混合机的转动速度和转动时间。

⑤ 进行料斗的进料和出料操作，停止设备，打印运行记录，填写生产记录并转移至下一工序。

6. 颗粒包装

颗粒包装岗位场景如图 6-36 所示。

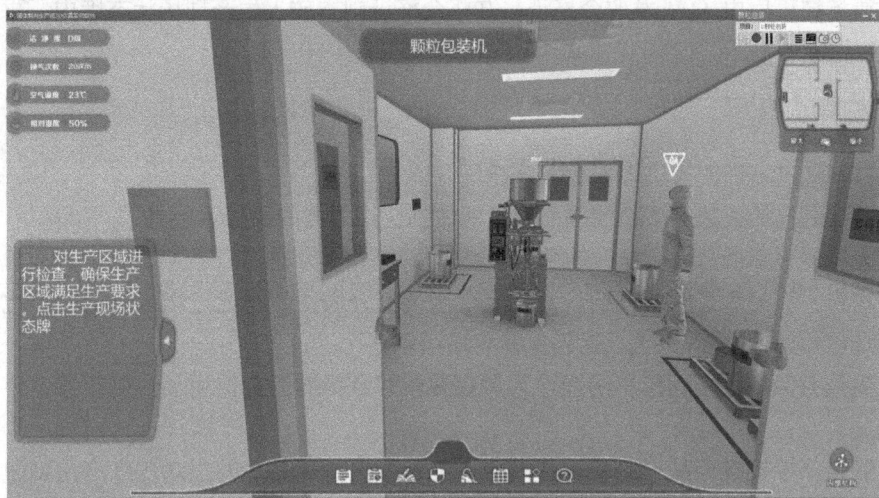

图 6-36　颗粒包装

① 进行生产前检查确认，确认合格后方可进行下一步操作。

② 生产区域确认完毕，由 QA 质检员发放生产许可证。将生产许可证放入生产区的状态牌中。

③ 安装滚筒薄膜、印字模具，并展开薄膜，开启自动打码机，开启颗粒包装机电源。

④ 设置运行参数（图 6-37），设置热塑温度 175℃、纵封温度 116℃、横封温度 115℃，进行空载试运行。

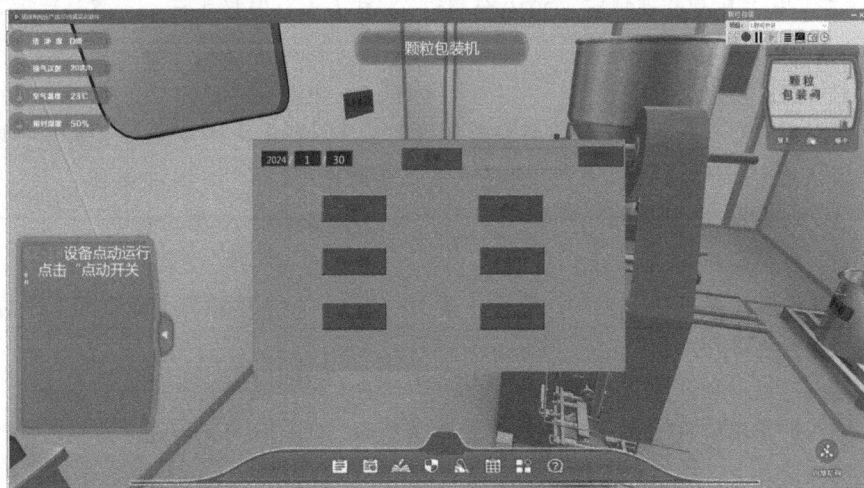

图 6-37　设置运行参数

⑤ 运行正常后，向颗粒包装机中加入物料，点动运行，取样检测。

⑥ 检测合格后，设置自动运行参数，正式生产。

⑦ 生产结束，停止设备。将本次生产物料称重后贴好标签及请检单送交中间站。将本批剩余物料称重后贴好标识转移至中间站。填写批生产记录。

⑧ 对设备清理清洁，对生产区域进行清洁和消毒。

⑨ 清场结束后由 QA 发放合格证，并将合格证副本放入生产现场状态牌内，更改生产现场状态标识。

四、注意事项

① 只有经过培训的人员才能进入洁净区。

② 洁净区内的人数应严格控制，尽可能做到工序需要的最低人数进入。

③ 人员便服不得带进洁净区的更衣室。

④ 物料、物品等进入车间前应在指定位置清洁外表面，再通过物流通道经净化消毒后进入洁净区。物料的传入传出只能经由物流通道。

⑤ 佩戴劳保用品：制粒车间操作人员应佩戴符合标准的劳保用品，如口罩、手套、安全帽等。

⑥ 避免直接接触药品：制粒操作时应避免直接接触药品，防止对皮肤产生刺激、过敏等不良影响。

⑦ 定期体检：制粒操作人员应进行定期体检，确保身体健康。

课后练习

1. 单选题

（1）我国 GMP 第一次以法规颁布的时间是（   ）。

    A. 1978 年 3 月   B. 1988 年 3 月   C. 1998 年 12 月   D. 2010 年 5 月

（2）《药品生产质量管理规范（2010 年修订）》自（   ）起施行。

    A. 2011 年 6 月 1 日   B. 2011 年 5 月 1 日

    C. 2011 年 4 月 1 日   D. 2011 年 3 月 1 日

（3）所有药品的生产和包装均应当按照批准的工艺规程和操作规程进行操作并有相关记录，以确保药品达到规定的（   ），并符合药品生产许可和（   ）的要求。

    A. 国家标准 质量标准   B. 注册批准 国家标准

    C. 质量标准 注册批准   D. 内控标准 注册标准

（4）除另有法定要求外，生产日期不得迟于产品（   ）的操作开始日期，不得以产品包装日期作为生产日期。

    A. 内包前经最后混合   B. 压片或内包前经最后混合

    C. 成型内包装封   D. 成型或内包前经最后混合

（5）某些情况下，持续稳定性考察中应当额外增加批次数，下列列举的情况最准确的是（   ）。

    A. 任何变更、偏差、重新加工、回收的批次

    B. 工艺变更、偏差、重新加工、返工、回收的批次

C. 处方变更、重大偏差、重新加工、返工的批次

D. 重大变更、重大偏差、重新加工、返工、回收的批次

（6）下面不是质量受权人主要职责的是（　　）。

A. 参与企业质量体系建立、内部自检、外部质量审计、验证以及药品不良反应报告、产品召回等质量管理活动

B. 承担产品放行的职责，确保每批已放行产品的生产、检验均符合相关法规、药品注册要求和质量标准

C. 负责生产指令的审批及生产过程控制

D. 在产品放行前，质量受权人必须按照相关要求出具产品放行审核记录，并纳入批记录

（7）药品的批准文号的有效期为（　　）。

　　A. 3 年　　　　　　B. 4 年　　　　　　C. 5 年　　　　　　D. 7 年

2. 多选题

（1）以下选项中，车间内部需用到的公共能源为（　　）。

　　A. 蒸汽　　　　　B. 压缩空气　　　　C. 真空　　　　　　D. 纯化水

　　E. 自来水　　　　F. 纯净水　　　　　G. 冷冻水　　　　　H. 饮用水

（2）药物制粒的目的为（　　）。

　　A. 改善流动性　　　　　　　　　　　B. 防止各成分的离析

　　C. 防止粉尘飞扬及器壁上的黏附　　　D. 调整松密度，改善溶解性能

　　E. 改善片剂生产中压力传递的均匀性　F. 便于服用，携带方便

参考文献

[1] 郭朗，朱亚东. 一种阿司匹林肠溶片及其制备工艺：CN201310400888.3[P]. 2013-09-05.

[2] 魏国平，魏松. 一种阿司匹林肠溶片及其制备工艺：CN201210344710.7[P]. 2012-09-18.

[3] 张燕丽，张晓娟，付起凤. 应用高剪切制粒改善复方丹参片粒子流动性的研究[J]. 中医药信息，2009(1)：34-35.

[4] Kyu H J, Hye S W, Chae J K, et al. Formulation of a modified-release pregabalin tablet using hot-melt coating with glyceryl behenate[J]. International Journal of Pharmaceutics, 2015, 459(1):1-8.

[5] 国家药典委员会. 中华人民共和国卫生部药品标准：第十册[M]. 北京：人民卫生出版社，1995.

[6] 董玲，孙裕，裴纹萱，等. 基于全程质量控制理念的中药标准化体系研究思路探讨[J]. 中国中药杂志，2017，42(23)：4481-4487.

[7] 国家药典委员会. 中华人民共和国药典　2020 年版（一部）[S]. 北京：中国医药科技出版社，2020.

[8] 梅松政. 中药高质量要求永无止境[N]. 医药经济报，2019-06-24(8).

第七章

液体制剂生产虚拟仿真实训

第一节　葡萄糖大输液生产虚拟仿真实训

一、产品概述

1. 临床用途

葡萄糖注射剂用于补充能量和体液，治疗低血糖症、高钾血症，以及作为高渗溶液用作组织脱水剂。此外，还可用于配制腹膜透析液，用作药物稀释剂，用于静脉法葡萄糖耐量试验，配制 GIK 液（极化液）。

2. 理化性质

本品为无色或几乎无色的澄明液体；味甜。

二、工艺流程简介

1. 工艺设计

（1）处方组成

葡萄糖注射剂的基本成分是葡萄糖，其配方主要由葡萄糖与注射用水组成。以 5%葡萄糖注射剂为例，其配方由 50g 葡萄糖与注射用水按比例配制至 1000mL。此外，根据临床需求，可适量添加辅料，如盐酸，以调节溶液的 pH 值或增强药物的稳定性。

（2）生产设备

① 制水系统：用于制备纯化水和注射用水，确保水质满足生产标准。

② 配料系统：包括浓配罐、稀配罐等，用于药液的配制和稀释。

③ 过滤系统：采用不同孔径的滤芯对药液进行过滤，以去除杂质和微粒。

④ 灌封系统：将配制好的药液灌装到输液瓶或输液袋中，并进行密封。

⑤ 灭菌系统：通常采用水浴式灭菌柜对灌装好的药液进行灭菌处理。

⑥ 检测系统：包括灯检机、澄明度检测仪等，用于检测药液的澄明度和异物。

（3）生产流程

葡萄糖注射剂的制备流程涵盖了以下关键步骤：注射用水的制备、配液、灌装封口、灭菌处理、质量检测以及最终的包装工序。

(4) 质量控制

葡萄糖注射剂的质量控制是确保产品质量和安全的关键环节。其质量控制标准通常包括：

① 微生物限度检测，确保产品无活菌污染。

② 热原检测，以保证注射液中不含热原物质，避免引起患者发热反应。

③ 稳定性测试，评估产品在不同储存条件下的质量变化，确保其在有效期内保持稳定。

④ 包装完整性检验，确保输液容器的密封性，防止外界微生物和污染物的侵入。

⑤ 标签和说明书的准确性审核，确保提供的信息准确无误，便于医护人员和患者正确使用。

2. 车间设计

(1) 车间设计要求

掌握最终灭菌大容量注射剂（大输液）的生产工艺是药厂设计的关键。盛装输液的容器有玻璃瓶、聚乙烯塑料瓶、复合膜等，包装容器不同其生产工艺也有差异。无论何种包装容器，其生产过程一般包括原辅料的准备、浓配、稀配、包材处理、洗灌封、灭菌、灯检、包装等工序。下面主要介绍采用玻璃瓶包装的最终灭菌大容量注射剂（大输液）生产车间设计要点。

药厂设计时要分区明确，按照 GMP 规定，最终灭菌大容量注射剂（大输液）生产分为一般生产区、D 级净化车间、C 级净化车间、C 级背景下的局部 A 级净化车间。一般生产区包括瓶外洗、灭菌、灯检、包装等；D 级净化车间包括原辅料称量、浓配、瓶粗洗、轧盖等；C 级净化车间包括瓶精洗、稀配、灌封，其中瓶精洗后到灌封工序的暴露部分需 A 级层流保护。

药厂净化车间设计时合理布置人、物流，要尽量避免人、物流的交叉。人流路线包括人员经过不同的更衣进入一般生产区、D 级净化车间、C 级净化车间；进出车间的物流一般有以下几条：瓶子的进入、原辅料的进入、外包材的进入以及成品的出口。

熟练掌握工艺生产设备是设计好输液车间的关键，输液包装容器不同其生产工艺不同，导致其生产设备也不同。即使是同一包装容器的输液，其生产线也有不同的选择，如玻璃瓶盛装输液的洗瓶工序有分粗洗、精洗的滚筒式洗瓶机和集粗、精洗于一体的箱式洗瓶机。工艺设备有差异，车间布置必然不同，目前输液生产均采用联动线。

合理布置辅助用房。辅助用房是最终灭菌大容量注射剂（大输液）车间生产质量保证和 GMP 认证的重要内容，辅助用房的布置是否得当是药厂车间设计成败的关键。一般最终灭菌大容量注射剂（大输液）生产车间的辅助用房包括 C 级工器具清洗存放间、D 级工器具清洗存放间、化验室、洗瓶水配制间、不合格品存放间、洁具清洗存放间等。

(2) 技术要求

最终灭菌大容量注射剂（大输液）车间洁净区包括 D 级洁净区、C 级洁净区和 C 级环境下的局部 A 级洁净区，如工艺无特殊要求，一般洁净区温度为 18~26℃，相对湿度为 45%~65%。各工序需安装紫外线灯。

洁净生产区一般高度为 2.70m 左右较为合适，上部吊顶内布置包括风管在内的各种管线，考虑维修需要，吊顶内部高度需为 2.50m。

最终灭菌大容量注射剂（大输液）车间内地面一般为耐清洗的环氧自流坪地面，隔墙采用轻质彩钢板，墙与墙、墙与地面、墙与吊顶之间接缝处采用圆弧角处理，不得留有死角。

洁净生产区需用洁净地漏，A 级区域不得设置地漏。

浓配间、稀配间、工具清洗间、灭菌间、洗瓶间、洁具室等需排热、排湿。

洁净级别高的区域相对于洁净级别低的区域要保持 5～10Pa 的正压差。

按照 GMP 要求布置纯化水和注射用水管道系统。

3. 工艺流程框图

最终灭菌大容量注射剂（塑瓶包装）工艺流程及环境区划示意可扫码获取。

最终灭菌大容量注射剂（塑瓶包装）工艺流程及环境区划示意

三、生产工艺操作虚拟仿真

1. 注射用水制备

注射用水制备流程可扫码获取。

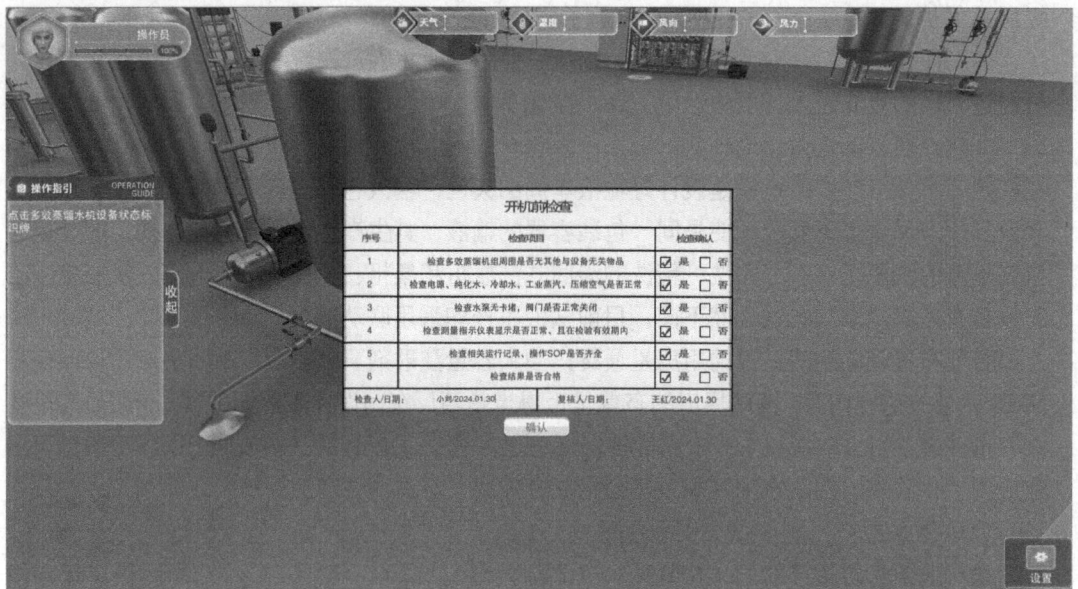

（1）生产前检查

① 进入制水间前，确保已更换为洁净的工作鞋，并穿着规定的工作服。

② 检查电源、纯化水、冷却水、工业蒸汽、阀门、仪器仪表是否正常，标准操作规程（SOP）是否齐全，设备周围是否无其他物品等。

注射用水制备流程

③ 确保所有条件均合格后，填写开机前检查记录（图 7-1），方可进行下一步操作。

图 7-1 填写开机前检查

（2）注射用水制备操作

① 设备检查调试：

a. 更改设备运行状态（图 7-2），更换多效蒸馏水机设备运行状态标识牌。

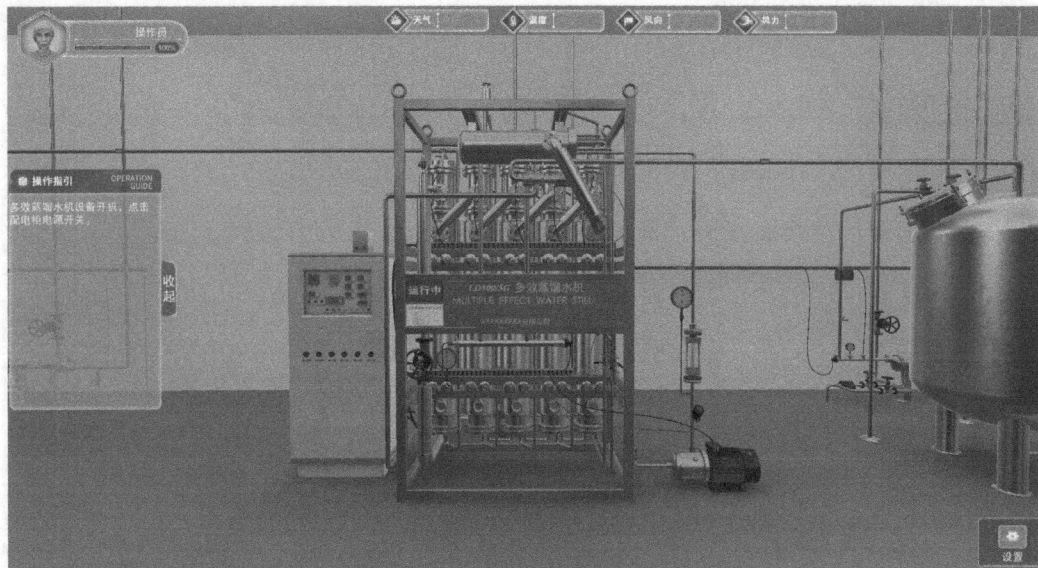

图 7-2 更改多效蒸馏水机运行状态

b. 打开配电柜电源开关，多效蒸馏水机设备开机。

c. 登录多效蒸馏水机设备操作系统，管理员登录、工艺员登录、操作员登录。

d. 设置运行参数：液位上限 80%～100%，液位下限 10%～20%，电导率范围 0～1.3μS/cm，工业蒸汽压力范围 0.2～0.5MPa，产水温度≥90℃，注射用水回水温度≥80℃，注射用水回水流量≥4m³/h。

② 设备运行及报警处理：

a. 打开多效蒸馏水机设备"手动"按钮。

b. 向缓冲罐中加入纯化水，依次打开缓冲罐上方隔膜阀、原料水泵前隔膜阀，开启原料水泵。

c. 打开设备后侧排冷凝水阀门，排放工业蒸汽冷凝水。

d. 打开工业蒸汽阀门，开始加热。

e. 打开设备后侧排浓缩水阀门，排放浓缩水。

f. 注射用水系统报警，若是由于注射用水系统产水温度高，需要开启冷却水，依次打开冷却水进水阀门、冷却水回水阀门、配电柜冷却水阀旋钮。

g. 工业蒸汽报警，若是由于工业蒸汽压力低，需要加大阀门开度，打开工业蒸汽阀门。

h. 检查多效蒸馏水机初效、二效、三效、四效、末效温度是否正常。

i. 检查注射用水产水电导率是否正常，查看配电柜面板上的电导率仪。

j. 检查注射用水储罐液位是否正常，查看储罐液位仪表。

k. 依次打开注射用水循环泵前端隔膜阀、注射用水循环泵出口隔膜阀、注射用水系统回水隔膜阀、配电柜注射用水循环泵旋钮，启动注射用水循环系统（图 7-3）。

l. 注射用水系统报警，若是由于注射用水回水温度低，需要开启双管板换热器，依次打开双管板换热器工业蒸汽阀门、双管板换热器排工业蒸汽冷凝水阀门，使注射用水回水温度恢复正常。

图7-3 启动注射用水循环系统

m. 注射用水系统报警，若是由于注射用水回水电导率超标，需打开注射用水回水系统排污阀，关闭注射用水系统回水阀门，使注射用水电导率恢复正常。

n. 按照注射用水 SOP 中的规定要求检测注射用水 pH 值，操作记录台 pH 计。

o. 填写注射用水系统运行记录。

p. 查看配电柜水质记录仪。根据注射用水水质历史记录，进行过热水灭菌，先设置灭菌参数，然后打开双管板换热器工业蒸汽阀门。

q. 查看灭菌状态，填写灭菌记录。

（3）生产后清场

① 车间内生产过程已全部结束，无注射用水使用点，注射用水制备系统可以停机，注射用水循环系统 24h 运转。

② 关闭多效蒸馏水机上的工业蒸汽阀门。

③ 复位控制开关，关闭配电柜电源开关，多效蒸馏水机设备停机。

④ 关闭多效蒸馏水机阀门、原料水阀门、冷却水阀门、浓缩水阀门。

⑤ 更改设备运行状态，更换多效蒸馏水机设备运行状态标识牌。

⑥ 清理制水间地漏、日光灯、门窗、通风口、开关、设备及墙壁等，填写清场记录并更换制水间清场合格证副本。

2. 领料称量

（1）生产前检查

① 查看清场合格证副本，确保生产现场在清洁有效期内（图 7-4）。

② 进入称量间检查生产现场，确认生产现场无与本批生产无关的物品，所用设备设施表面清洁无残留。

③ 检查电子秤、压差计、温湿度计校验合格证。

④ 读取压差计、温湿度计示数，确认生产现场压差、温湿度在合格范围内。

图 7-4　查看清场合格证副本

⑤ 核对本批生产记录是否齐全，填写批生产记录领取确认表。

⑥ 生产现场确认完毕，填写生产前检查表，找到 QA 质检员领取生产许可证，并将生产许可证放到门口的状态标识牌内。

（2）领料称量操作

① 领取物料：

a．用小车将物料推至脱外包间，将物料脱去外包装，将外包装上的物料标签转贴到内包装上，将物料全部转移至缓冲间地架上，转移完毕后退出缓冲间，开启缓冲间紫外灯，消毒 30min（图 7-5）。

脱外包视频

图 7-5　开启缓冲间紫外灯

b．消毒结束，将缓冲间物料转移至原辅料暂存间地架上。到原辅料包材暂存间领取物料，点击小推车，将缓冲间物料转移至原辅料包材暂存间。

c. 核对葡萄糖物料信息，填写物料状态标识牌。

d. 根据批生产指令，领取本次生产所需的物料，将物料转移至称量间地架上。

② 称量物料：

a. 称量前对电子秤进行校验（图 7-6），校验完毕，填写校验记录，由 QA 质检员进行复核。

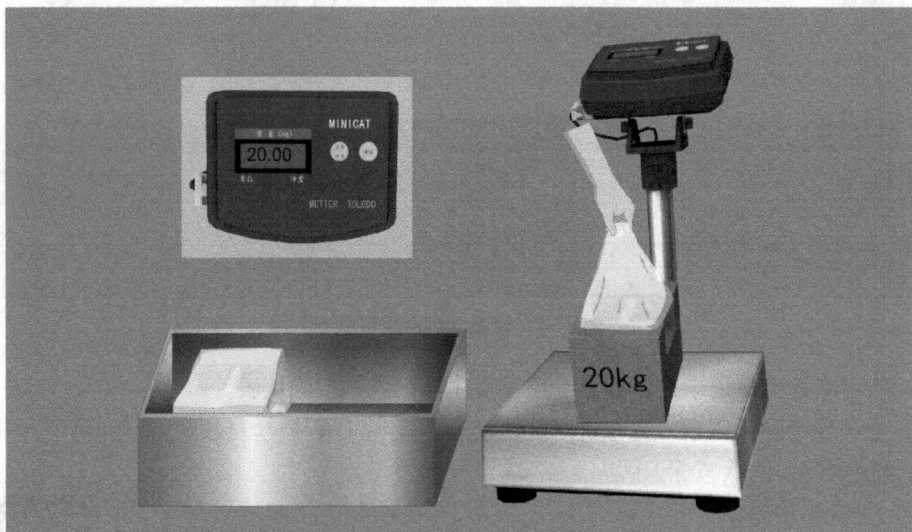

图 7-6 对电子秤进行校验

b. 称量人核对原辅料是否相符，确认无误后，准确称取配方量的物料。

c. 复核人核对称量后的原辅料的品名、数量，确认无误后记录、签名。

d. 将称好的批量原辅料装入洁净的桶中，放上"配料标签"，移交下一个工序。

（3）生产后清场

① 清除场地上的一切污物、杂物，按规定处理（图 7-7）。

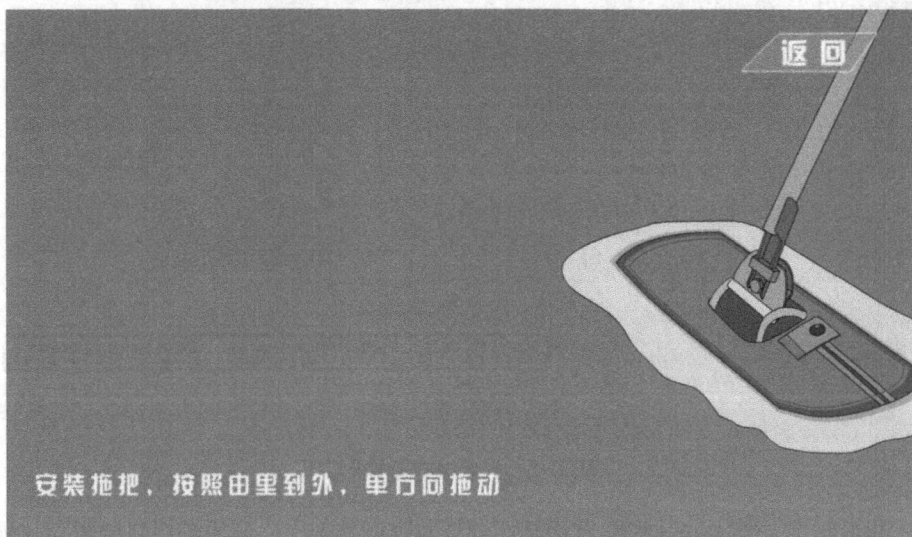

图 7-7 清洁地面

② 清洁地漏、日光灯、门窗、通风口、开关、设备及墙壁等。

③ 填写清场合格证正本、副本，QA 质检员检查合格后签字。

④ 将清场合格证副本放入门外的生产状态标识牌内。

3. A/B 级人员更衣

(1) 手部清洗消毒

① 人员进入 A/B 级一缓冲间后，查看更衣房间压差计，并填写压差记录。每次进出 A/B 级缓冲间都应查看填写，发现压差不合格，及时联系空调系统调整到合格标准。

② 填写压差记录，并签名。

③ 严格按照清洁 SOP 对手部进行清洗（图 7-8）。

图 7-8　对手部进行清洗

(2) 穿戴中脚套

① 待手部消毒晾干后，用肘部将一更间门推开（进入 A/B 级洁净区必须用肘部开门）。

② 用酒精喷壶对手部进行全方位消毒，待手部自然晾干后，准备穿戴中脚套。

③ 检查鞋套灭菌有效期，确认合格后，从鞋套架上拿起一只鞋套套在脚上，并顺势将套好鞋套的脚越过警戒线，按照同样的方法穿上第二只鞋套，穿戴好后不得再退回警戒线。

④ 中脚套穿戴好后，将中脚套袋子放入回收桶内。

(3) 穿戴无菌手套、连体无菌服

① 用肘部将二更间的门推开。

② 用酒精喷壶对手部进行全方位消毒（图 7-9）。

③ 手部自然晾干后，穿戴无菌手套。注意穿戴无菌手套时，手部不可接触无菌手套的外表面，防止交叉污染。

④ 核对无菌袋编号及灭菌有效期（48h 内），确认是自己的无菌衣及在灭菌有效期内。

⑤ 确认有效期合格后，穿戴连体无菌服。

图 7-9　用酒精喷壶对手部进行全方位消毒

⑥ 穿戴结束后，用酒精喷壶对手部进行全方位消毒。

⑦ 手部自然晾干后，穿戴第二层无菌手套。

⑧ 检查穿戴符合要求后，用酒精喷壶对拉链的上下部、领口及头部周围的一圈、手部一直到手肘的地方、双腿及鞋套与裤腿接口处进行全方位消毒。

（4）风淋

① 自然晾干后，用手肘按住门把手打开门进入风淋间。

② 进入风淋间后打开风淋设备，对全身风淋（图 7-10），以去除细小纤维。风淋时，双手举起，缓慢行走。确保得到全方位风淋后，方可进入 B 级走廊。

图 7-10　全身风淋

4. 配液

(1) 生产前检查

① 检查清场合格证副本，确保生产现场在清洁有效期内。

② 进入配液间检查生产现场，确认生产现场无与本批生产无关的物品，所用设备设施表面清洁无残留。

③ 检查压差计、温湿度计校验合格证，读取压差计、温湿度计示数，确认生产现场压差、温湿度在合格范围内并记录。

④ 填写生产前检查表，由 QA 质检员进行复核并发放生产许可证。

⑤ 将生产许可证放入配液间门外的状态牌内。

(2) 配液操作

① 领取原辅料。领取物料，填写领料单，由 QA 质检员复核后，将物料转运到配液间暂存区地架上。

② 设备调试检查：

a. 打开配液系统控制台电源，更改设备运行状态，更换运行状态标识牌。

b. 对设备进行生产前的调试，依次点击"在线清洗""在线灭菌"按钮，对配液罐进行在线清洗（图 7-11）、在线灭菌。

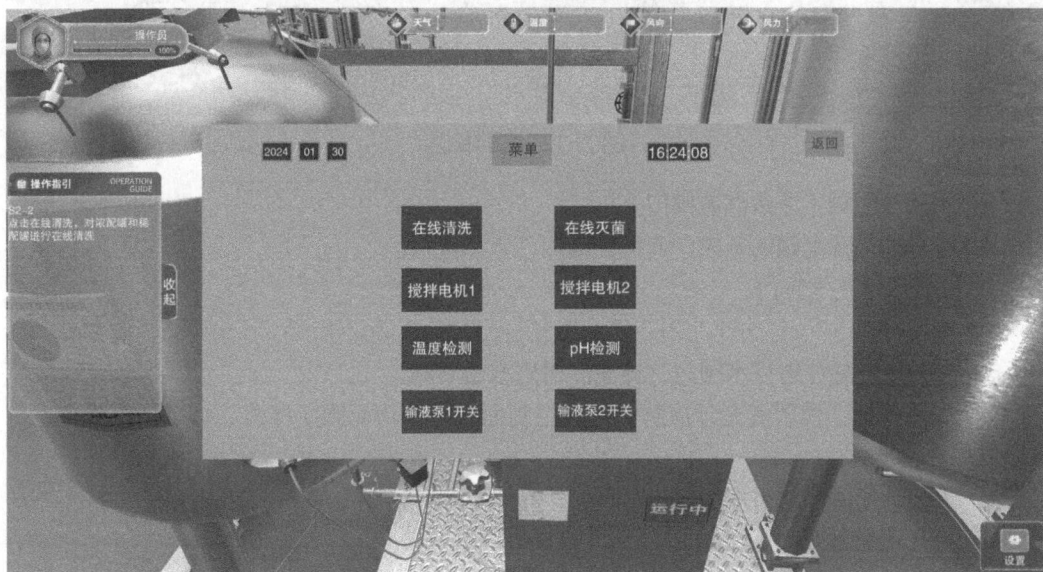

图 7-11　在线清洗

c. 设备清洁验证。由 QA 质检员检测配液罐冲洗水中内毒素含量，每 1000 单位内含内毒素的量应小于 0.5EU。

③ 浓配：

a. 开始投料生产，打开浓配罐注射用水阀门，向罐内注入 450L 注射用水。

b. 将称量后的原料按规定倒入浓配罐内。打开浓配罐盖子，投料。

c. 加热搅拌，使原料充分溶解。打开控制面板开启浓配罐搅拌桨，依次打开冷凝水回流阀门、工业蒸汽总阀门、浓配罐蒸汽阀门。

　　d. 为降低药液中的热原物质浓度，将称量后的活性炭按规定倒入浓配罐内，打开浓配罐盖子投料。

　　e. 打开浓配罐底阀开始放料，打开输液泵。

　　f. 打开钛过滤器上的取样阀进行取样检测（图7-12），若澄明度检测合格，则可以打入稀配罐。

图7-12　取样检测

　　g. 关闭浓配罐工业蒸汽总阀门。

　　h. 打开通往稀配罐的开关，向稀配罐内注入浓配液。

　　i. 打开压缩空气阀门。

　　④ 稀配：

　　a. 打开稀配罐注射用水阀门，补充注射用水量900L。

　　b. 加热搅拌，使药液充分溶解。打开控制面板开启稀配罐搅拌桨，打开稀配罐夹层蒸汽阀门。

　　c. 关闭稀配罐注射用水阀门。

　　d. 打开稀配罐底阀。

　　e. 打开稀配罐冷凝水回流阀门。

　　f. 打开稀配罐罐顶回流阀门。

　　g. 打开控制面板，开启稀配罐输液泵。

　　h. 关闭稀配罐夹层蒸汽阀门。

　　i. 对稀配罐进行温度和pH检测，打开控制面板，点击"温度检测"按钮、"pH检测"按钮，温度检测和pH检测均符合工艺要求。

　　j. 打开取样检测阀门进行取样检测，检测合格，将药液转入灌封工序。

　　k. 打开稀配罐灌封阀门，通知向灌封输液。

　　l. 放料结束，打开控制面板，关闭搅拌电机、输液泵，配液系统控制台关机，关闭控制台电源。

m．填写生产记录。

（3）生产后清场

① 按照清洗规程清洗设备，并填写清洗记录。

② 更改设备状态标识，对生产区域进行清洁和消毒。

③ 填写清场合格证正、副本，由 QA 质检员复查，并签字确认。

④ 将清场合格证副本放入门外的生产现场状态牌内，更改生产现场状态标识。

5．洗灌封

（1）生产前检查

① 首先查看洗灌封间清场合格证副本，确保生产现场清洁有效。

② 检查生产现场，确认生产现场无与本批生产无关的物品，所用设备设施表面清洁无残留（图 7-13）。

图 7-13 生产现场检查

③ 检查压差计、温湿度计校验合格证，读取压差计、温湿度计示数，确认生产现场压差、温湿度在合格范围内并记录。

④ 生产现场确认完毕，填写生产前检查表，找到 QA 质检员领取生产许可证，并将生产许可证放到门口的状态标识牌内。

（2）洗灌封操作

① 设备启动与检查：

a．更改设备运行标识，将设备状态设置为"运行中"，打开并登录设备操作系统。

b．在设备操作界面上设置手动模式，并启动输瓶轨道。

c．启动设备，让设备空转 10min（图 7-14），检查各部件是否正常工作，是否有异常声音。

图 7-14 设备空转

    d. 推动层流小车到传递窗处领取灭菌后的胶塞，并将其填充进胶塞上料斗。

    ② 灌装与封口检查：

    a. 打开压缩空气阀门、冷却水阀门、纯化水阀门，在操作界面上设置进入自动模式。

    b. 调整设备参数，在设备操作界面上开启加热板升温、吹气输瓶、振荡斗、气泵，设备开始运行。

    c. 当塑瓶进入洗瓶区域时，在设备操作界面上开启洗瓶。

    d. 当塑瓶快到灌装区域时，在设备操作界面上开启灌装。

    e. 灌装过程中，检查灌装量，用微调阀进行计量微调，每 1h 抽查一次灌装量。

    f. 当塑瓶快到封口区域时，在设备操作界面上开启加热气缸，加热板在气缸作用下将塑瓶送入加热，使其自动封口。

    g. 封口过程中，检查封口质量。

    h. 随时检查灌装药液的剩余量，当分液器不能从储罐吸入药液时，应在设备操作界面上关闭药液灌装主阀，停止灌装。

    i. 加热封口完最后一瓶注射液后，在设备操作界面上关闭加热气缸，加热板在气缸作用下退回。

    j. 停止设备运行，依次关闭主机、加热板升温、吹气输瓶、振荡斗、气泵，关闭压缩空气阀门、冷却水阀门、纯化水阀门，关闭设备电源，设备停机。

    ③ 剩余物料处理：

    a. 清理残余药液和装量不够的输液瓶，报废处理。

    b. 将剩余胶塞包装封口后放到暂存间备用。

    (3) 生产后清场

    ① 按照设备的清理规程清洗设备，并填写清洗记录。

    ② 更改设备运行状态，更换洗灌封一体机设备运行状态标识牌。

③ 填写清场合格证正本、副本，QA 质检员检查合格后签字。

④ 更改生产现场状态标识，将清场合格证副本放入生产现场状态标识牌内。

6. 灭菌

（1）生产前检查

① 检查清场合格证副本，确保生产现场在清洁有效期内。

② 进入灭菌间检查生产现场，确认生产现场无与本批生产无关的物品，所用设备设施表面清洁无残留。

③ 生产现场确认完毕，填写生产前检查表。

④ 找到 QA 质检员领取生产许可证，并将生产许可证放到门口的状态标识牌内。

（2）灭菌操作

① 设备调试。检查压力表和安全阀等设备是否在清洁有效期内，确认设备完好，检查蒸汽、冷却水、压缩空气、纯化水压力是否符合要求，达标后打开电源开关。

② 启动灭菌程序：

a. 登录设备操作系统（图 7-15），进入操作界面，依次打开压缩空气阀、纯化水阀，并打开冷凝水旁通阀排放冷凝水。

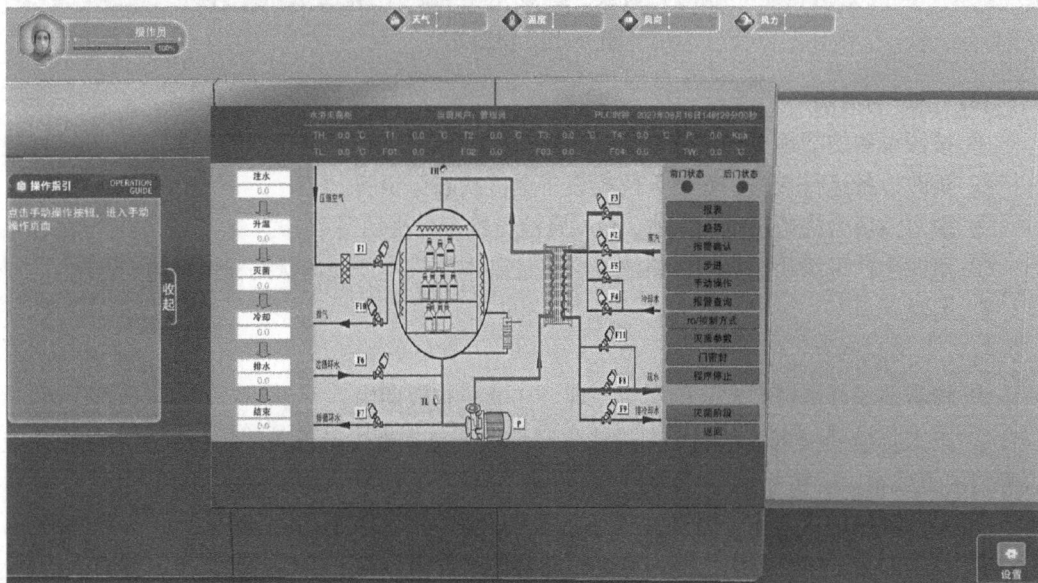

图 7-15 设备操作系统

b. 冷凝水排放结束后，关闭冷凝水旁通阀。

c. 打开前门，清理灭菌内室，并将灭菌框送入内室，随后关闭前门。

d. 进行灭菌参数预设，检查温度、F0 值、灭菌时间和生产批号等。

e. 启动灭菌程序，注水升温，保温灭菌，降温冷却，设备压力降为常压。

③ 灭菌结束：

a. 灭菌结束后，停止灭菌程序，打印灭菌趋势图，并在记录中记录运行结果。

b. 开启后门取出灭菌框，随后关闭后门。

c．关闭相关阀门和设备，返回自动控制页面和主控页面，并关闭灭菌柜控制系统（图 7-16）。

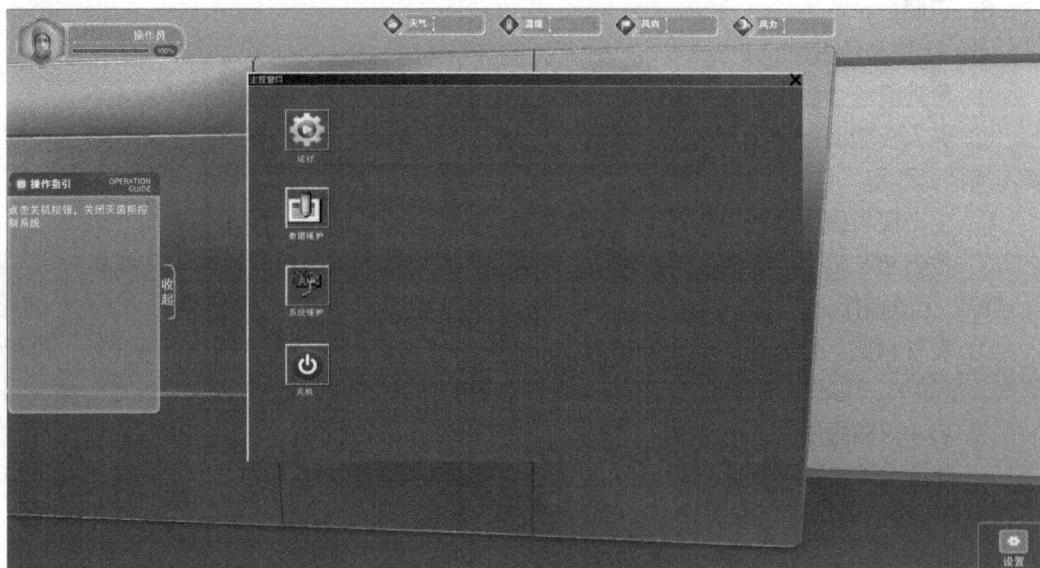

图 7-16　设备关机

（3）生产后清场

① 按照设备的清理规程清洗设备，并填写清洗记录。

② 更改设备运行状态，更换灭菌柜设备运行状态标识牌。

③ 填写清场合格证正本、副本，QA 质检员检查合格后签字。

④ 更改生产现场状态标识，将清场合格证副本放入生产现场状态标识牌内。

7．灯检

（1）生产前检查

① 检查清场合格证副本，确保生产现场在清洁有效期内。

② 进入灯检间检查生产现场，确认生产现场无与本批生产无关的物品，所用设备设施表面清洁无残留。

③ 生产现场确认完毕，填写生产前检查表。

④ 找到 QA 质检员领取生产许可证，并将生产许可证放到门口的状态标识牌内。

（2）灯检操作

① 启动设备电源，打开设备操作系统。

② 进行原点复位。

③ 启动出瓶分检处的碎瓶检测报警系统。

④ 进行 PLC 参数设置（图 7-17），确认产品信息，查看检测药品名称、规格、生产批次、属性等基本信息是否正确。

⑤ 启动检测，整机运行，开始进瓶（图 7-18）。

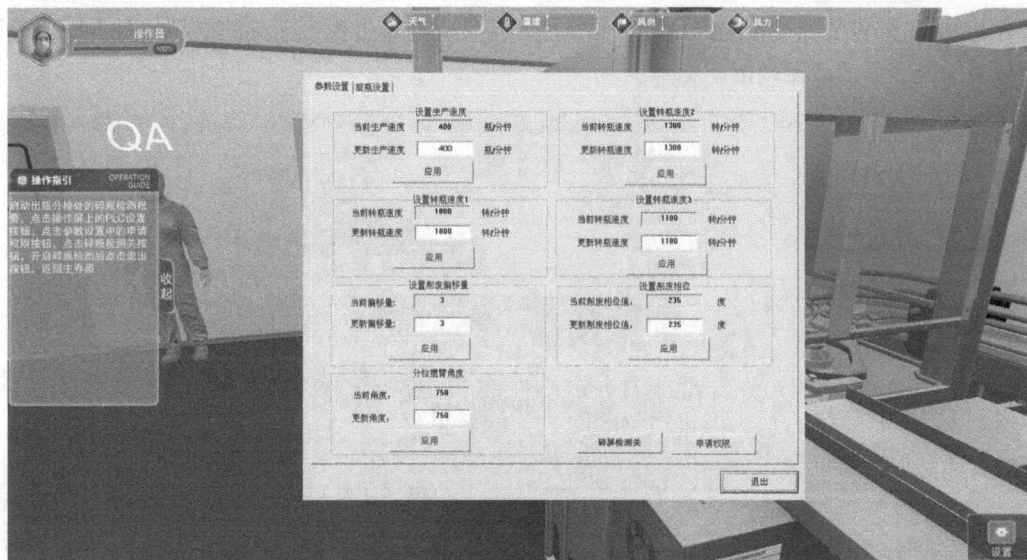

图7-17 参数设置

图7-18 灯检

⑥ 灯检结束后停止进瓶，整机停止。

(3) 生产后清场

① 按照设备的清理规程清洗设备，并填写清洗记录。

② 更改设备运行状态，更换灯检机设备运行状态标识牌。

③ 填写清场合格证正本、副本，QA质检员检查合格后签字。

④ 更改生产现场状态标识，将清场合格证副本放入生产现场状态标识牌内。

8. 包装

(1) 生产前检查

① 检查清场合格证副本，确保生产现场在清洁有效期内。

② 进入外包装间检查生产现场，确认生产现场无与本批生产无关的物品（图 7-19），所用设备设施表面清洁无残留。

图 7-19 生产现场检查

③ 生产现场确认完毕，填写生产前检查表。

④ 找到 QA 质检员领取生产许可证，并将生产许可证放到门口的状态标识牌内。

（2）包装操作

① 设备检查调试：

a. 检查装箱机，确认安全装置无缺陷、无隐患，检查应急停车按钮是否正常、紧固件有无松动、电机及电器设备是否干燥，确保无关人员不可靠近装箱机。

b. 检查封箱机设备胶带、切刀是否清洁，安装封箱胶带，确认胶带牵引路线正确，调节胶带至中间位置。

c. 转动调节升降手柄，使上胶带头座的输送底平面低于纸箱的高度 3～5mm。

d. 调整输送夹棍，使输送夹棍靠近纸箱，固定调节好的输送夹棍。

e. 封箱机接通电源，使机器运转 2～5min，检查封箱机运转是否正常、有无异常噪声振动（图 7-20）。

f. 检查无误后，更改设备运行状态标识，更换运行状态标识牌。

g. 进行装箱机设备开机前调试，根据瓶型、瓶数调整装箱数量为 12 瓶一组。

h. 打开装箱机压缩空气供应开关，选择装箱机自动模式，启动装箱机。

i. 检查无误后，更改装箱机运行状态标识，更换运行状态标识牌。

j. 纸箱成型机连接电源，使机器运转 2～5min，检查运转是否正常、有无异常噪声振动。

k. 检查无误后，更改纸箱成型机运行状态标识，更换运行状态标识牌。

l. 试运行几分钟，检查设备运行是否正常、输送带方向是否正确、输送机运转时是否有异声及跳动、各气压缸动作是否正常。

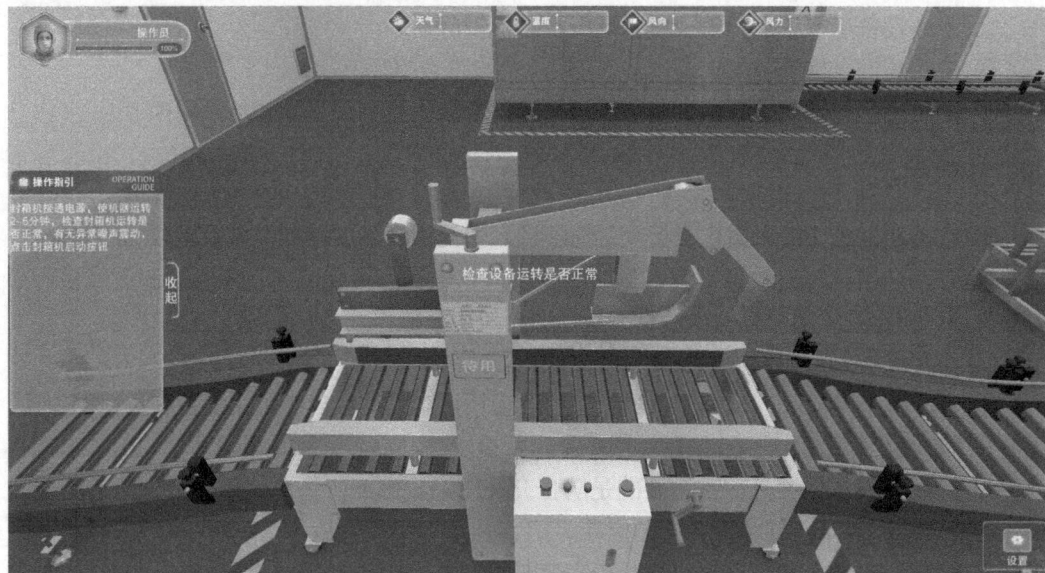

图7-20 封箱机运转检查

② 设备启动生产：

a. 设备调试检查完成，将外包材放入纸箱成型机，开始生产（图7-21）。

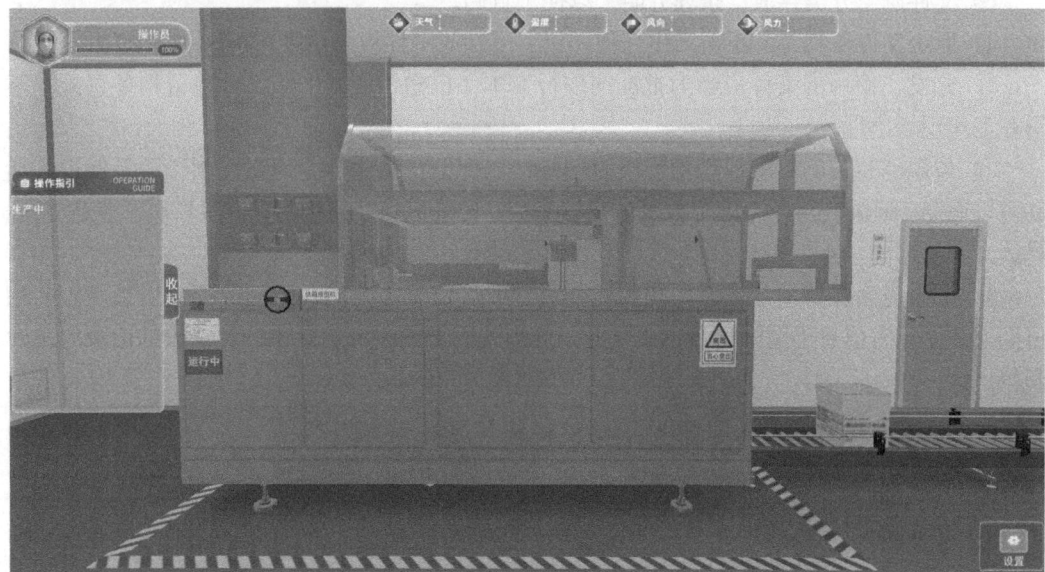

图7-21 生产中

b. 检查纸箱是否干净整洁、无破损、无油污。

c. 对封箱完成准备入库的成品进行抽检，确保装箱封箱过程满足入库要求。

d. 根据检查结果，填写产品包装—装箱—封箱间检查记录。

e. 生产完毕，关闭纸箱成型机、装箱机、封箱机。

（3）生产后清场

① 按照设备的清理规程清洗设备，并填写清洗记录。

② 更改设备运行状态，更换设备运行状态标识牌。

③ 填写清场合格证正本、副本，QA 质检员检查合格后签字。

④ 更改生产现场状态标识，将清场合格证副本放入生产现场状态标识牌内。

四、注意事项

① 在洁净区工作的人员应当接受定期培训，使无菌产品的操作符合要求。

② 在洁净区内进行设备维修时，如洁净度或无菌状态遭到破坏，应当对该区域进行必要的清洁、消毒或灭菌，待检测合格方可重新开始生产操作。

③ 生产设备应当在确认的参数范围内使用。

④ 用于生产或检验的设备和仪器，应当有使用日志，记录内容包括设备和仪器的使用、清洁、维护和维修情况，以及使用时间、生产及检验的产品名称和批号等。

⑤ 除了对设备保养外，更重要的是防止交叉污染。因此，每次使用完或使用前都要对设备进行清洁和消毒，确保符合质量标准。

⑥ 必须对进入洁净区的物料进行外包装处理。必要时，还应当进行清洁、消毒，发现外包装损坏或其他可能影响物料质量的问题，应当向质量管理部门报告并进行调查和记录。

⑦ 盛装产品及物料的容器具必须是经过消毒灭菌的，物料必须检验合格后方可使用。

⑧ 物料的发放使用应当符合先进先出和近效期先出的原则。

⑨ 文件应当分类存放、条理分明，以便于查阅。

⑩ 原版文件复制时，不得产生任何差错；复制的文件应当清晰可辨。

⑪ 分发、使用的文件应当为批准的现行文本，已撤销的或旧版文件除留档备查外，不得在工作现场出现。

⑫ 与规范有关的每项活动均应当有记录，以保证产品生产、质量控制和质量保证等活动可以追溯。记录应当留有填写数据的足够空格。记录应当及时填写，内容真实，字迹清晰、易读，不易擦除。

⑬ 记录应当保持清洁，不得撕毁和任意涂改。记录填写的任何更改都应当签注姓名和日期，并使原有信息仍清晰可辨，必要时，应当说明更改的理由。生产和检验的记录应及时归档。

课后练习

1. 单选题

（1）药品质量的主要责任人是（　　）。

    A. 企业负责人　　　　　　　　　　B. QA 质检员经理

    C. 质量受权人　　　　　　　　　　D. 质量负责人

（2）改变影响药品质量的主要因素时，应当对变更实施后最初至少（　　）个批次的药品质量进行评估。

    A. 1　　　　　　　B. 2　　　　　　　C. 3　　　　　　　D. 4

（3）无特殊要求时，洁净室（区）的温度和相对湿度应分别控制在（　　）。

    A.（22±2）℃和（45±10）%

B.（22±4）℃和（55±10）%

C.（22±4）℃和（45±10）%

（4）GMP 产品通常包括：（　　）。

A. 中间产品、待包装产品、成品　　　　B. 中间产品、外卖中间体、成品

C. 原料、中间产品、成品　　　　　　　D. 原料、待包装产品、成品

（5）空气洁净度级别相同的区域，产尘量大的操作室应保持相对（　　）。

A. 正压　　　　B. 负压　　　　C. 常压　　　　D. 以上均可

（6）质量控制、GMP、质量保证的关系是：（　　）。

A. 相互交叉　　　　　　　　　　　B. 涵盖范围依次减小

C. 涵盖范围依次增大　　　　　　　D. 以上都不是

（7）关于留样的规定以下说法正确的是（　　）。

A. 每年生产最初 3 批药品要留样

B. 每批药品均应当有留样

C. 工艺验证批次药品需要留样

D. 客户投诉、退货的药品需要留样

（8）包装产品前应根据（　　）核对品名、规格、数量、包装要求等，并要有专人复核。

A. 工艺规程　　　　　　　　　　B. 标准操作规程（SOP）

C. 批包装指令　　　　　　　　　D. 批包装记录

（9）按 GMP 规定，物料不包括（　　）。

A. 原料　　　　B. 半成品　　　　C. 辅料　　　　D. 包装材料

（10）GMP 对设备的（　　）确认未作要求。

A. 安装　　　　B. 安全　　　　C. 运行　　　　D. 性能

2. 问答题

GMP 的中心指导思想是什么？

第二节　硫酸庆大霉素小针剂生产虚拟仿真实训

一、产品概述

1. 临床用途

硫酸庆大霉素适用于治疗由敏感的革兰氏阴性菌和革兰氏阳性菌引起的严重感染，如败血症、下呼吸道感染、肠道感染、盆腔感染、腹腔感染、皮肤软组织感染、复杂性尿路感染等。其中，在治疗腹腔感染和盆腔感染时应与抗厌氧菌药物合用。此外，在治疗细菌性痢疾或其他细菌性肠道感染时也可使用。

2. 性状

硫酸庆大霉素是一种有机物，化学式为 $CHON \cdot H_2SO_4$，白色或类白色结晶性粉末，有引湿性，易溶于水，难溶于脂类，不溶于有机溶剂，化学性质稳定，对温度及酸碱度的变化较稳定，4%水溶液的 pH 值为 4.0～6.0。

二、工艺流程简介

1. 工艺原理

注射剂系指药物制成的供注入体内的无菌溶液（包括乳浊液和混悬液）以及供临用前配成溶液或混悬液的无菌粉末或浓溶液。根据物态可分为液体注射剂（注射液，俗称水针）、注射用粉剂、注射用片剂。其中液体注射剂按容量分为小容量注射剂（20mL 以下，常规为 1mL、2mL、5mL、10mL、20mL）、大容量注射剂（50mL 以上，常规为 50mL、100mL、250mL、500mL 等）。

硫酸庆大霉素的生产过程包括原辅料和容器的前处理、称量、配制、过滤、洗瓶灭菌、灌封、灭菌检漏、灯检、包装等步骤。

2. 主要工艺过程

领料称量：按生产要求，领取原料药、辅料。

浓配稀配：将辅料逐步加入溶解的硫酸庆大霉素溶液中，混合均匀，制成药液。

洗瓶灭菌：安瓿瓶经超声波清洗后，经隧道灭菌烘箱进入灌封岗位。

灌封：将硫酸庆大霉素溶液按生产要求进行灌封操作。

灭菌检漏：将物料通过水浴式灭菌柜进行灭菌、检漏。

灯检：通过全自动灯检机检测可见异物，如玻璃、纤维等。

3. 工艺流程框图

注射剂制备流程可扫码获取。

三、生产工艺操作虚拟仿真

1. 领料称量

① 点击称量间的生产状态标识，检查生产现场是否合格（图 7-22）。

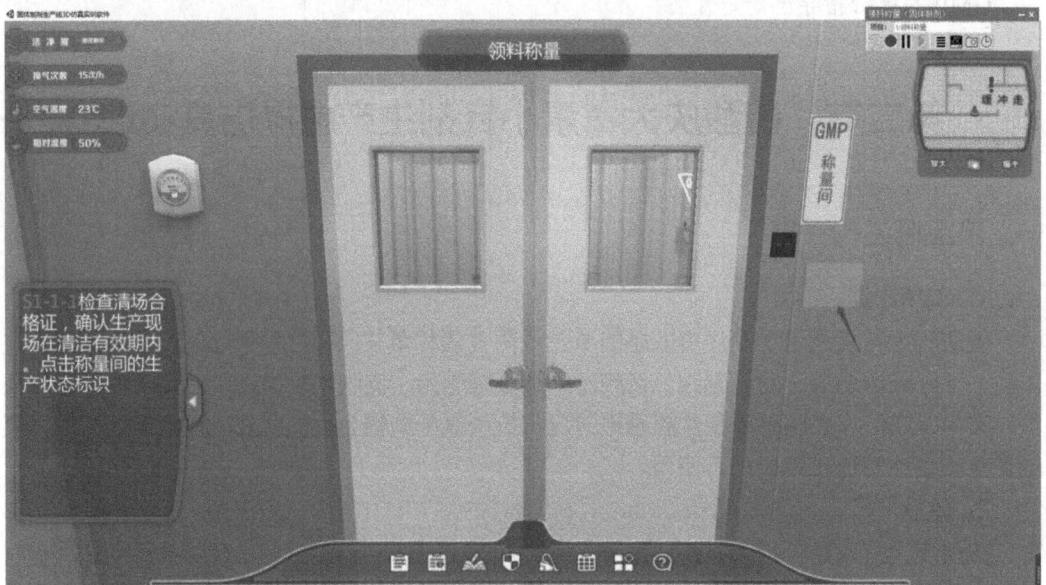

图 7-22 检查生产状态标识

② 对生产现场地架、记录、设备进行检查（图7-23）。

图 7-23　检查生产现场

③ 检查电子秤、电子天平、压差计是否在校验有效期内（图7-24）。

图 7-24　检查电子秤、电子天平、压差计

④ 读取压差计数值，确认房间压差是否合格（图7-25）。

图7-25　检查压差

⑤ 确认相关批生产记录已领取，填写生产前检查记录（图7-26）。

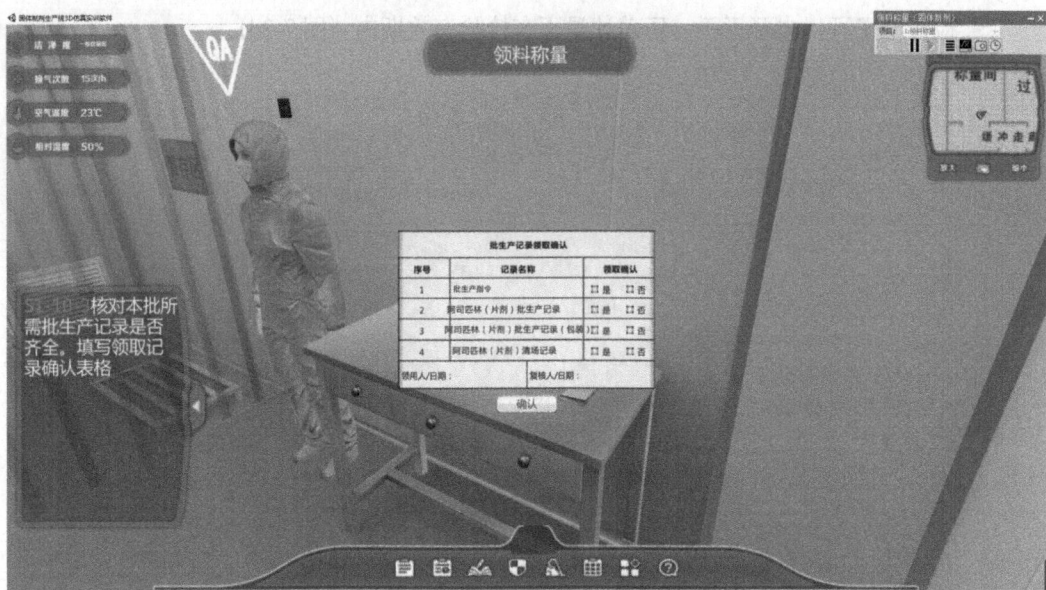

图7-26　填写生产前检查记录

⑥ 领取生产许可证，放入生产现场状态牌中。

⑦ 到原辅料包材暂存间领取所需物料（图7-27），并填写物料状态、物料标签等信息。

图7-27　领取物料

⑧ 确定本批所需物料，到称量间点击生产指令，领取并转移物料。

⑨ 称量前对电子秤、电子天平进行校验，填写衡器使用记录，进行物料称量。称量结束，点击记录台的物料称量记录，并填写。

⑩ 批生产记录填写完毕，将物料转移到下一工序。

2. 浓配稀配

① 生产前检查：对生产区域进行生产前检查确认（图7-28）。

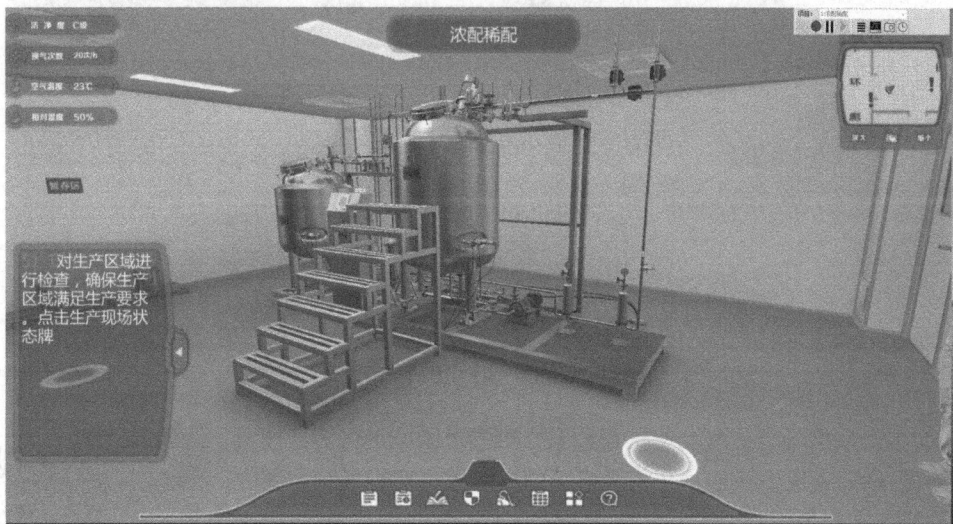

图7-28　生产前检查

② 生产区域确认完毕，由 QA 质检员发放生产许可证。将生产许可证放入生产区的状态牌中。

③ 到物料暂存区领取物料。查看物料标签，确认领取的物料正确。

④ 对浓配罐、稀配罐进行在线清洗灭菌（图7-29），并检测内毒素。

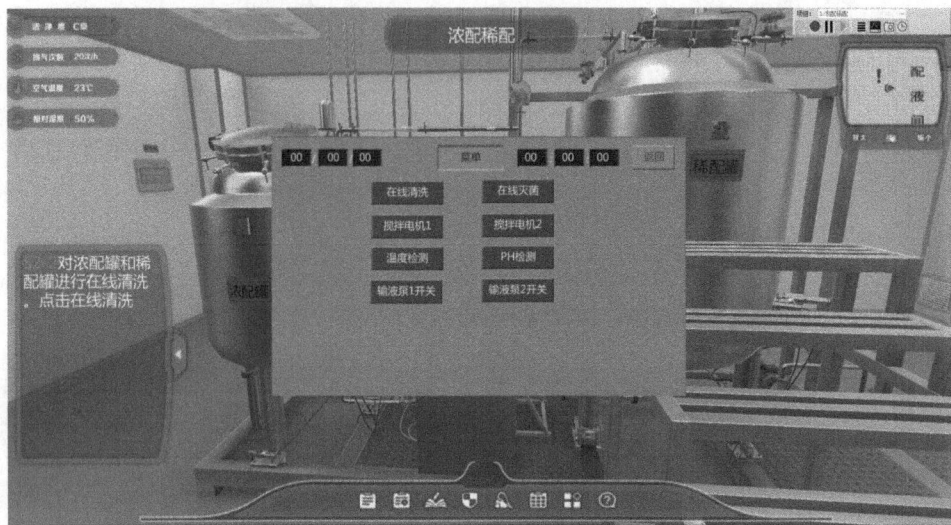

图7-29 在线清洗

⑤ 浓配液配制（图7-30）、澄明度检测、稀配液配制、样品检测、灌封打料，生产完成后关闭设备。

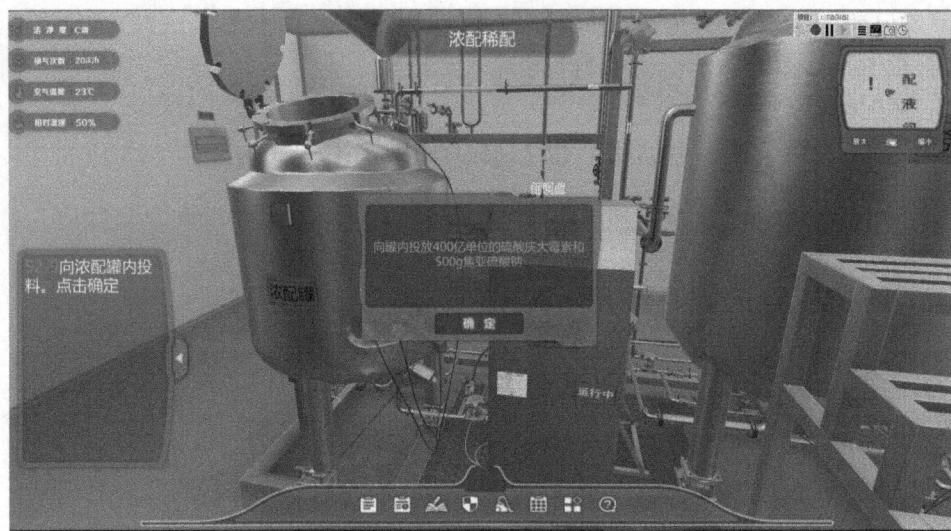

图7-30 投料

⑥ 生产后清场：更改设备状态标识；对生产区域进行清洁消毒。清场结束后由 QA 发放合格证，并将合格证副本放入生产现场状态牌内，更改生产现场状态标识。

3. 洗瓶灭菌

① 进行生产前检查确认，确认合格后进行生产操作。

② 对安瓿瓶清洗灭菌设备进行状态检查、标识更改。

③ 领取生产指令单，领取安瓿瓶，填写包材领料单（图7-31）。

安瓿瓶清洗灭菌
设备原理视频

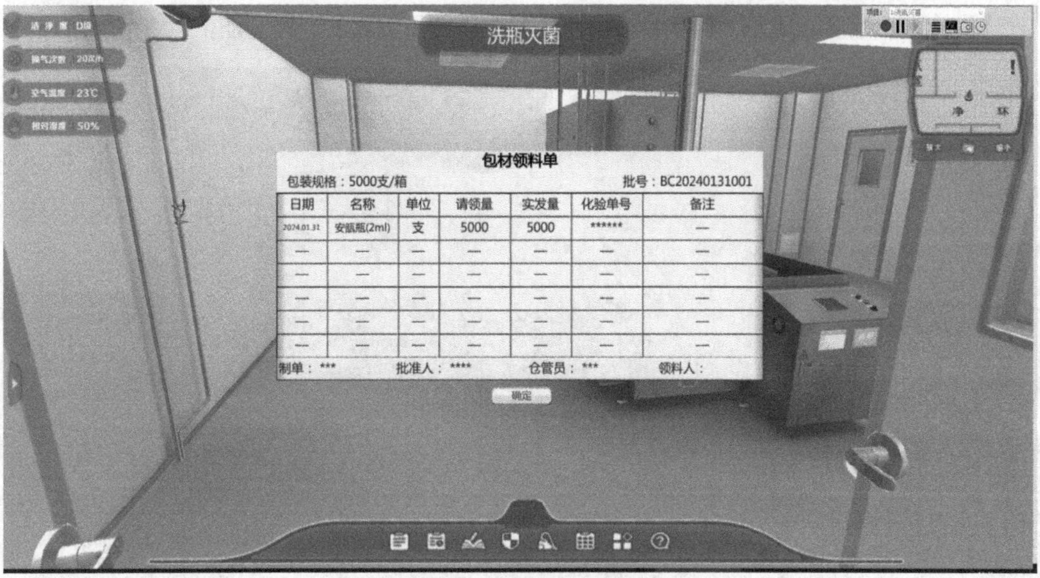

图 7-31 填写包材领料单

④ 开启安瓿瓶清洗机，设置压缩空气压力、注射用水压力、水槽温度参数。

⑤ 开启隧道灭菌烘箱，开启送风机、抽风机，自净 15min，设置预热段 250℃、高温段 350℃、冷却段 50℃（图 7-32）。

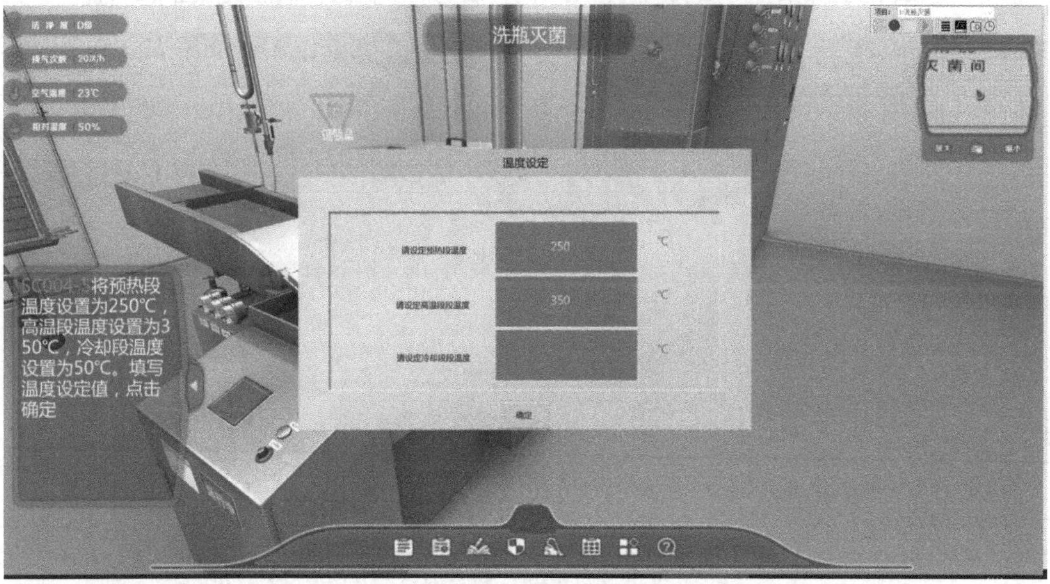

图 7-32 隧道灭菌烘箱设置温度

⑥ 正式开产，取样检测澄明度，确认合格后，清洗灭菌设备联动运行。

⑦ 生产结束后，关闭管道阀门、安瓿瓶清洗机、隧道灭菌烘箱，并填写生产记录。

⑧ 对生产现场设备设施进行清洁消毒，填写清场合格证。

4. 灌封

① 进行生产前检查确认（图 7-33），确认生产环境合格后方可进行下一步操作。

② 检查温湿度、压差，确认合格后，由 QA 质检员发放生产许可证。

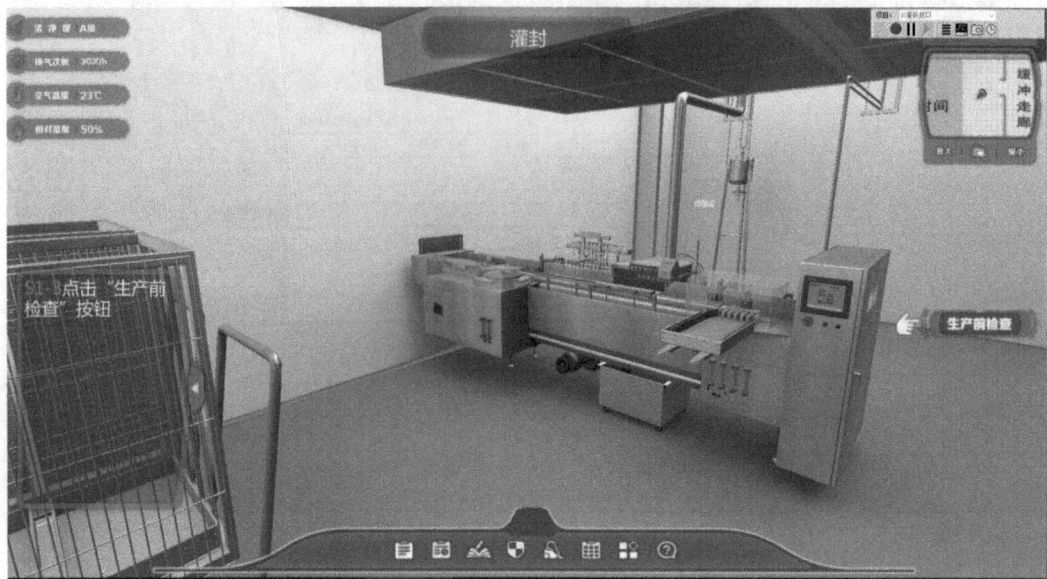

图 7-33　生产前检查

③ 检查确认安瓿瓶灌封设备状态，确认正常后，接通电源。

④ 空载运行正常后，开启燃气阀、氮气阀，启动灌装机进行试灌装（图 7-34）。

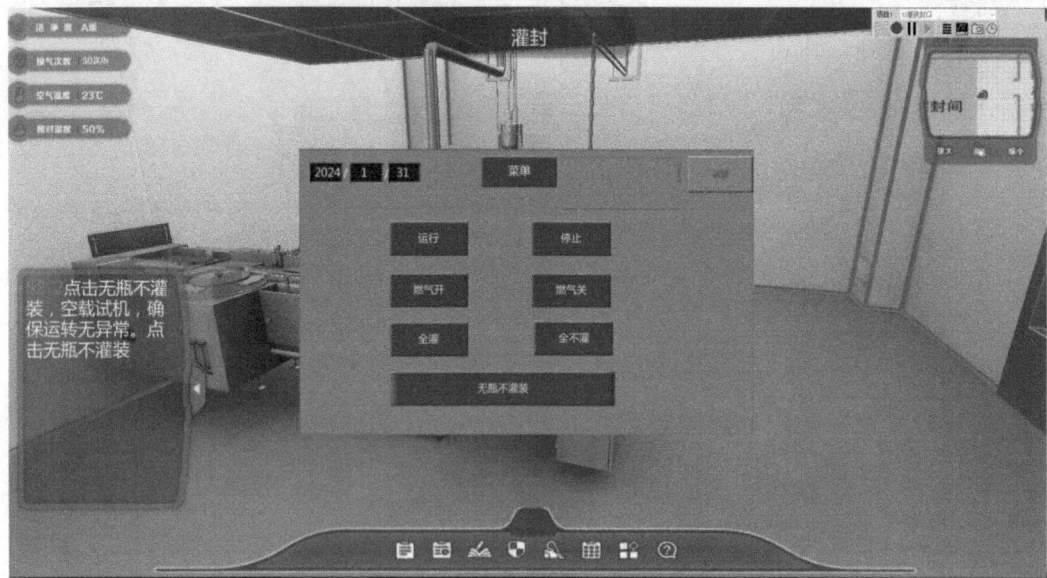

图 7-34　试灌装调试

⑤ 取样检测灌装量是否合格（图 7-35）、安瓿瓶封口是否合格，调试合格后，正式开产。

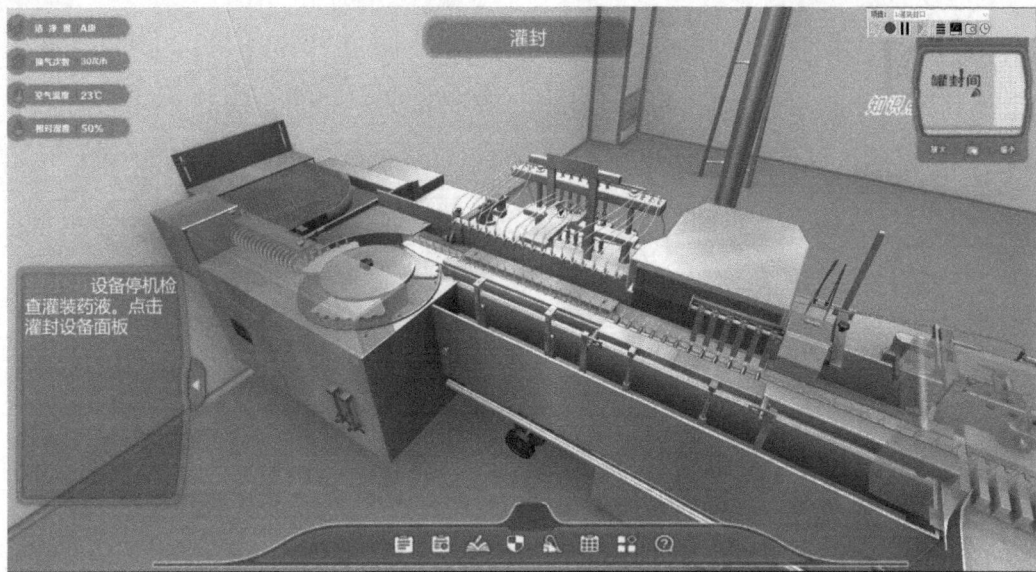

图 7-35 停机检查灌装量

⑥ 生产结束，关闭氮气阀、燃气阀，切断设备电源。

⑦ 填写生产记录，进行清场操作，填写清场记录，更改状态标识。

5. 灭菌检漏

① 灭菌检漏岗位生产前，检查现场状态标识，检查温湿度，填写生产前检查记录表（图 7-36），领取生产许可证。

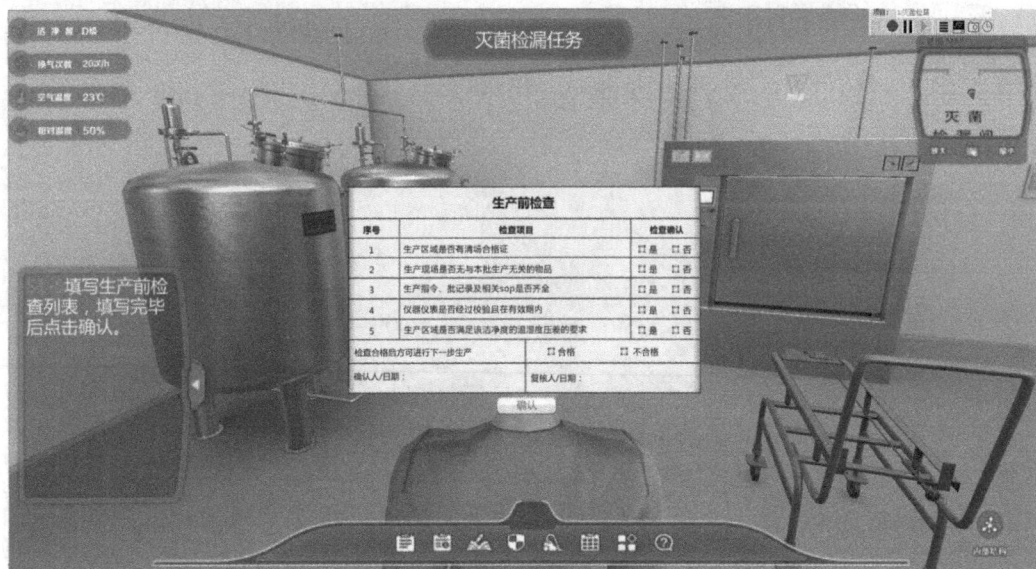

图 7-36 生产前检查

② 配制色水原液（图 7-37），打开灭菌检漏器，设置操作参数后进行操作，查看曲线，打印灭菌检漏记录，生产完成后关闭设备。

图 7-37 配液

③ 生产结束后，对设备与现场环境进行清洁消毒，更改设备状态标识，填写生产记录，更改生产现场状态标识。

6. 灯检

① 进行生产前检查确认（图 7-38），确认合格后方可进行下一步操作。

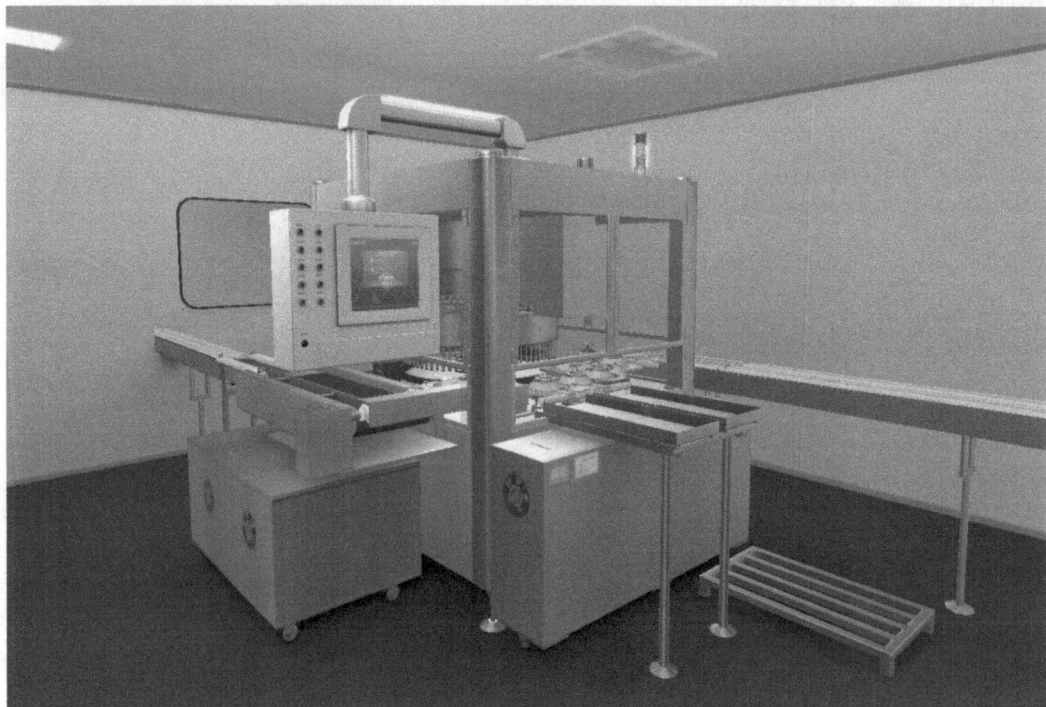

图 7-38 生产前检查

② 生产区域确认完毕，由 QA 质检员发放生产许可证。将生产许可证放入生产区的状态牌中。

③ 开启灯检设备电源、设置工位检测参数后，空载运行。

④ 空载运行正常后，启动进瓶轨道，正式开产。

⑤ 生产结束，对设备清理清洁，对生产区域进行清洁和消毒。

⑥ 清场结束后，由 QA 发放合格证，并将合格证副本放入生产现场状态牌内。更改生产现场状态标识。

四、注意事项

① 无菌室操作工必须按要求穿戴无尘的衣物和鞋套等，保持身体干净卫生，避免污染环境和药品。

② 无菌室操作工进入工作区域前必须进行手部清洗，并按规范进行手部消毒处理，避免细菌、病毒等污染。

③ 操作过程中发现问题必须第一时间停止操作，且安全措施必须得到保证。如设备故障、废弃物处理不当等问题，必须得到及时的处理和解决。

④ 物料、物品等进入车间前应在指定位置清洁外表面，再通过物流通道经净化消毒后进入洁净区。物料的传入传出只能经由物流通道。

⑤ 火头与安瓿位置约在 12mm 较适宜，预热火头完毕后，将火头的热量调节到能使安瓿瓶颈段呈现微红的状态。当安瓿瓶颈段达到微红后，再轻拉丝机的火头对其进行熔化，即可实现拉丝封口。拉丝封口的质量好坏，与装置调节和火头调节有关，要细心调节到一定火焰，并密切注意两边火头的均匀性，才能进行正常运转。在运转中，要经常注意火头变化，随时进行调整。

课后练习

单选题

（1）下面需要每班进行风速测定的洁净区是（　　　）。

A. C 级洁净区　　　　　　　　　　　B. D 级洁净区

C. A 级洁净区　　　　　　　　　　　D. 洁净区都要每班测

（2）小容量注射剂车间生产的产品属于（　　　）。

A. 最终可灭菌产品　　　　　　　　　B. 最终不可灭菌产品

C. 最终过滤除菌产品　　　　　　　　D. 没有无菌要求

（3）小容量注射剂车间的无菌操作区为：（　　　）。

A. C 级灌封间　　　　　　　　　　　B. D 级洗瓶间

C. C 级洁净区背景下的 A 级　　　　　D. 所有洁净区内

（4）注射用水应于制备后（　　　）小时内使用。

A. 4　　　　　　　B. 8　　　　　　　C. 12　　　　　　　D. 24

（5）下列滤器中能用于分子分离的是（　　　）。

A. 砂滤棒　　　　B. 垂熔玻璃滤器　　　C. 超滤膜　　　D. 微孔膜过滤

（6）注射剂的制备中，洁净度要求最高的工序为（　　　　）。

    A．配液　　　　　　B．灯检　　　　　　C．灌封　　　　　　D．灭菌

参考文献

[1] 国家药典委员会．中华人民共和国药典 2020 年版（二部）[S]．北京：中国医药科技出版社，2020．

[2] 张功臣，冯志鹏，王亮，等．大输液车间的智能化工艺设计——现代化大输液生产线的自动化设计[J]．广东化工，2014，41(21)：184-185．

[3] 王福伸．注射级一水葡萄糖生产工艺研究[D]．济南：齐鲁工业大学，2014．

[4] 秦玉超，方超．圆塑瓶大输液自动包装生产设备的设计与应用[J]．机电信息，2018(14)：13-16．

[5] 周宇凯．大输液车间的工艺设计[J]．化工设计通讯，2017，43(8)：92-93．

[6] 黄始振，刘华，姚富庆，等．无菌条件下大输液生产工艺条件的设计[J]．华南国防医学杂志，2004(1)：27-30．

[7] 高飞，李彦菊．浅谈大输液车间的工艺设计[J]．化工设计通讯，2015，41(2)：37-40．

[8] 张国林．葡萄糖大输液配制工艺的改进[J]．总装备部医学学报，1999(2)：108．

[9] 李忠德，夏庆．塑料瓶大输液生产车间设计[J]．医药工程设计，2003(2)：7-10．

[10] 山东科伦药业有限公司．一种葡萄糖注射液灌装生产线：CN218860306U[P]．2023-04-14．

[11] 山东科伦药业有限公司．一种葡萄糖大容量注射剂无菌生产系统：CN115554765A[P]．2023-01-03．

[12] 广西裕源药业有限公司．对葡萄糖注射液生产过程中浓配、稀配工艺的更改：CN106361687A[P]．2017-02-01．

[13] 浙江都邦药业股份有限公司．一种葡萄糖注射液的生产工艺：CN106692047A[P]．2017-05-24．

[14] 国家药典委员会．中华人民共和国卫生部药品标准：第十册[M]．北京：人民卫生出版社，1995．

[15] 梁凤林．小容量注射剂可见异物的分析及控制[J]．机电信息，2018（17）：32-34,37．

[16] 国家药典委员会．中华人民共和国药典 2020 年版（一部）[S]．北京：中国医药科技出版社，2020．

[17] 朱力杰，刘秀英，于志鹏，等．虚拟仿真技术在实践教学改革中的应用——以酸奶生产线为例［J］．食品与发酵科技，2020，56(3)：127-130．

第八章

药品自动化生产虚拟仿真实训

一、注射用泮托拉唑钠产品概述

1. 临床用途

注射用泮托拉唑钠（pantoprazole sodium for injection）是一种消化系统用药，主要用于治疗十二指肠溃疡，胃溃疡，中、重度反流性食管炎，以及由十二指肠溃疡、胃溃疡、急性胃黏膜病变、复合性胃溃疡等引起的急性上消化道出血。

2. 理化性质

本品为白色或类白色疏松块状物或（和）粉末，其化学结构式如图 8-1。

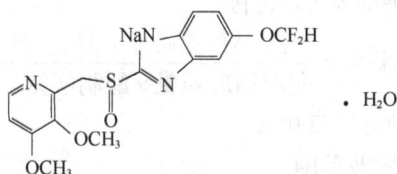

图 8-1　泮托拉唑钠化学结构式

二、工艺流程简介

1. 工艺原理

本品采用批量 9 万支的生产工艺，以泮托拉唑钠为起始原料，以甘露醇为辅料，经称量、配液、灌装、冷冻干燥得到注射用泮托拉唑钠。

2. 主要工艺过程

本工艺主要工序分别是物料准备、称量、配液、灌装半加塞、冷冻干燥、轧盖、灯检和包装。

本产品生产工艺流程的批量处方和需要准备的原辅料分别见表 8-1 和表 8-2。泮托拉唑钠作为原料，甘露醇作为辅料、填充剂（赋形剂），氢氧化钠作为 pH 调节剂，药用活性炭作为脱炭吸附剂。

表 8-1 批量处方表

物料名称	批用量（9 万支）
泮托拉唑钠	7.20kg（按折干折纯品计）
甘露醇	7.20kg
依地酸钙钠	0.36kg
氢氧化钠	适量
药用活性炭	81.0g
注射用水	270L（加至该体积）

表 8-2 原辅料清单表

物料名称	物料代码	质量折算
泮托拉唑钠	M0001	7.20kg÷[0.9457×原料质量分数×（1-水的质量分数）]
甘露醇	M0005	$80 \times 90000 \div 10^6 = 7.20$ （kg）
依地酸钙钠	M0002	$4.0 \times 90000 \div 10^6 = 0.36$ （kg）
氢氧化钠	M0003	适量
药用活性炭	M0004	$0.9 \times 90000 \div 1000 = 81.0$ （g）
注射用水	不适用	$2.925 \times 90000 \div 1000 = 263.25$ （kg）

3. 物料平衡和收率

（1）物料平衡

① 原料药（API）物料平衡公式及范围。

$$API物料平衡 = \frac{投入API的质量 \times API含量}{配液后总质量 \times 配制液浓度} \times 100\%$$

API 物料平衡范围：98.0%～102.0%。

② 配液工序物料平衡公式及范围。

$$配液工序物料平衡 = \frac{配液后总质量}{投入API的质量 + 辅料质量 + 注射用水质量} \times 100\%$$

配液工序物料平衡范围：99.0%～100.0%。

③ 洗烘灌联动线物料平衡公式及范围。

$$药液物料平衡 = \frac{灌装药液体积 + 耗损体积 + 残留药液体积}{待灌装药液体积} \times 100\%$$

待灌装药液体积=（配制液质量-取样量-配液灌剩余药液质量）/药液密度

灌装药液体积=平均灌装体积×过程控制（IPC）报告灌装总瓶数（包含灌装加塞/封口不合格瓶数）

耗损体积=管道系统排气泡药液损耗体积+其他损耗

残留药液体积=缓冲罐残留体积

药液物料平衡范围：90.0%～100.0%。

$$包装材料(西林瓶、安瓿、胶塞、铝盖)物料平衡 = \frac{清洗合格数 + 损耗数 + 剩余数}{领入数} \times 100\%$$

物料平衡范围：98.0%～100.0%。

④ 灯检工序物料平衡公式及范围。

$$灯检物料平衡 = \frac{合格瓶数 + 不合格瓶数 + 损耗瓶数}{灯检领入瓶数} \times 100\%$$

灯检工序物料平衡范围：100%。

⑤ 包装工序物料平衡公式及范围。

$$产品物料平衡 = \frac{实际数 + 缺陷数 + 损耗数}{包装领入数} \times 100\%$$

$$实际包装数 = 成品入库数 + 取样数 + 留样数$$

缺陷数：包装过程中发现的外观、轧盖等不符合要求的数量。

损耗数：包装过程中，损坏或破损的待包装产品的数量。

产品物料平衡范围：100.0%。

$$包装材料物料平衡 = \frac{使用数 + 不合格数 + 损耗数 + 剩余数}{包装领入数} \times 100\%$$

包装领入数：操作人员从库房领取的用于该批包装材料的数量。

使用量：包装实际使用的包装材料数量，包括入库产品使用的包材数量、取样数量。

不合格数：包装过程中，在可控范围内发现并剔除的包装材料不合格品数量，如印刷色差、外观缺陷等。

损耗数：包装过程中，因包装操作损坏或不符合要求的包材数量（如打印错位或不清楚、外观损坏等）以及已打印未使用的包材数量。

剩余数：包装结束后剩余未使用的包材数量。

包装材料物料平衡范围：100.0%。

(2) 收率

① 灌装工序收率公式及范围。

$$灌装工序合格品收率 = \frac{灌装合格瓶数}{理论产量} \times 100\%$$

$$理论产量 = \frac{配料配制的药液总质量}{标准装量} \times 100\%$$

控制范围：小容量注射剂 90.0%～100.0%。仅供参考。

② 灯检收率计算公式及范围。

$$灯检收率 = \frac{灯检合格品数 + 灯检取样数}{待灯检产品数量} \times 100\%$$

控制范围：95.0%～100.0%。仅供参考。

③ 包装产品收率计算公式及范围。

$$包装产品收率 = \frac{成品入库数量 + 取样数量}{待包装产品数量} \times 100\%$$

控制范围：98.0%～100.0%。仅供参考。

$$产品总收率 = \frac{成品入库数量 + 取样数量}{该批产品理论产量} \times 100\%$$

控制范围：冻干粉针剂 87.0%～102.0%。仅供参考。

4．工艺流程框图

注射用泮托拉唑钠工艺流程框图及其生产工艺技术要求可扫码获取。

注射用泮托拉唑钠
工艺流程框图

注射用泮托拉唑钠
生产工艺技术要求

三、生产工艺操作虚拟仿真

1．称量工序

（1）检查及准备

① 仪器/设备：确认仪器/设备完好，在计量和清洁有效期内。

② 称量用具的准备：称量工作人员将已清洁、在清洁有效期内的容器具转移至称量间负压称量罩下备用。

③ 生产环境检查：检查称量间压差，C 级走廊与称量间要保持相对正压（≥5Pa）。检查房间清场在清场有效期内、温湿度应符合生产要求（温度为 20～24℃；湿度为 40%～60%）。

④ 物料检查：操作人员在接收到物料以后，检查物料的名称、批号、代码、数量、检验报告。

⑤ 文件检查：检查岗位操作文件及记录应为现行版本。

（2）开启负压称量罩和电子台秤

检查完毕，按照各设备的标准操作与清洁规程要求，依次开启负压称量罩和电子台秤，负压称量罩自净 15min、电子台秤经校准后可开始称量。

（3）原辅料投料量计算

按照以下公式计算：

$$泮托拉唑钠投料量 = \frac{7.20kg}{0.9457 \times 原料质量分数 \times (1 - 水分的质量分数)}$$

甘露醇投料量=80×90000÷106=7.20（kg）

依地酸钙钠投料量=4.0×90000÷106=0.36（kg）

药用活性炭投料量=0.9×90000÷1000=81.0（g）

（4）称量

① 称量中心称量人员打开已完成净化的泮托拉唑钠包装袋，采用称重法称取所需泮托拉唑钠投料量，称取完毕，将泮托拉唑钠密封转移至生产车间收料处。

② 辅料的称量：甘露醇、氢氧化钠、药用活性炭、依地酸钙钠在原料泮托拉唑钠称量完毕后开始称量，按照依地酸钙钠→甘露醇→氢氧化钠→药用活性炭的顺序开始称量，称量完一种辅料后将该辅料包装于无菌袋内并贴上"物料标识卡"。

③ 原辅料的转运：已称量完毕的原料、辅料由库房管理员转移至车间物料气闸间发放；车间领料员在车间物料气闸间与库房管理员交接，待确认物料信息后（至少应包括物料名称、数量、入库批号、有效期至等信息），签收交接记录，经物进气闸自净 15min 后转移至物料暂存间，备用；配液工作人员在车间称量间复核原辅料投料量毛重。

（5）称量器具/仪器设备的清洁与清场

① 称量结束后，称量工作人员将所用的称量容器（如不锈钢料勺、不锈钢料桶等）转移至清洗间按照车间工器具管理规程进行清洁。称量罩和电子台秤按照其操作与清洁规程执行清洁，清洁后填写设备使用和清洁记录。

② 清场后按照"清场规程"执行清洁，并完成相关记录填写。

2. 配制工序

（1）检查

① 环境检查。确认房间内温度湿度应在 40%～60%之间、不同洁净区之间房间压差应不低于 10Pa、同洁净区不同房间压差不低于 5Pa；检查房间卫生已清洁，并确认"清洁合格证"在有效期内。

② 生产公用介质检查。检查公用介质符合要求见表 8-3。

表 8-3　公用介质要求示例

参数项目	参数值
工业蒸汽压力/MPa	≥0.3
纯蒸汽压力/MPa	≥0.3
冷却水压力/MPa	0.2～0.4
压缩空气压力/MPa	0.2～0.6
注射用水压力/MPa	0.2～0.5

③ 检查确认配液系统在清洁有效期内，符合生产要求。

④ 检查确认药液配制系统及过滤器是否已完成灭菌，确认滤芯完整性测试合格。

⑤ 确认仪器/仪表、计量器具、电子秤完好，仪表指针指示正确，仪器、计量器具、电子秤齐全并在检定有效期内。

⑥ 确认工用具、器具、容器、设备等在清洁灭菌有效期内。

（2）配制

① 配液。配液采用配液罐配制，整个配制过程除人工投料外，其搅拌、循环及清洗灭菌均由自动程序控制，配液定容采用称重法进行计量，具体操作按"配液系统操作规程"执行操作。配液系统介绍可扫码获取。

配液系统介绍

② 过滤器安装与滤芯符合性检查。确认药液管路系统的各级过滤器已安装，并符合相关要求，其中终端除菌滤芯的完整性检测，泡点值应合格，泡点和材质应符合要求。

③ 配制前预清洗。开启配液系统自控操作面板，选择前清场自动清洁灭菌程序，用合格注射用水对整个配液灌装系统进行自动在线清洗 1 次后，用洁净压缩空气吹干配液罐及药液管路系统的残余水，最后用洁净压缩空气自动吹干配液罐及药液管路系统的残余冷凝水。

配液操作界面视频

④ 注射用泮托拉唑钠生产工艺配方的调取。配液操作人员在自控操作面板界面按照"配液系统操作规程"，在配方选择界面选择"注射用泮托拉唑钠"配制处方进行配制，处方编号为 PT2，其配方参数应符合工艺要求。

⑤ 注射用泮托拉唑钠（处方编号：PT2）的投料与配制。注射用水的加入：打开注射用水阀门，向配制罐内加入总投料量 80%的注射用水，开启搅拌（80r/min）。

充氮除氧：打开夹套冷却水，并降温至 25℃以下，同时充入氮气除氧 30min。

投料：加入处方量的氢氧化钠、依地酸钙钠和甘露醇，搅拌 10min，待溶液澄清以后，缓慢加入泮托拉唑钠。

pH 值调节：用 1mol/L 氢氧化钠溶液调节 pH 值至 10.5～12.5，搅拌 60min 溶解，补加注射用水至全量，搅拌 15min。加入处方量的药用活性炭，水温低于 25℃下搅拌 15min。

脱炭与预过滤：药液通过 5μm 钛棒循环 5min，再通过钛棒、0.45μm 筒式过滤器过滤至药液接收罐。

（3）中间产品取样

取样：配制完毕，在取样口取样 250mL，对中间产品性状、pH 值、可见异物及中间产品的含量进行测定，送至 QC 按照"注射用泮托拉唑钠中间品质量标准"进行含量和颜色检测；取样 250mL，送至 QC 进行微生物限度检测。

产品取样视频

车间接 QA 中间产品放行通知单以后，配液工作人员打开洁净压缩空气阀门，将药液压送至灌装间缓冲罐中备用。

（4）配制全过程要求

配制过程应由一人操作，另一人复核。配制开始至开始灌装前药液储存时限应不得超过工艺要求时限（如 6h）。

配液系统使用前 24h 内需进行系统灭菌。灭菌参数应经过验证，如灭菌温度 121℃，灭菌时间 30min。

0.22μm 聚醚砜微孔滤芯使用前后应进行过滤器完整性测试，确认滤膜完好。滤芯清洁和灭菌采用离线清洗和在线灭菌程序进行。

（5）清洁、清场

生产完毕，按照"清场规程"对房间进行清场，经 QA 检查合格并发放清场合格证后，方可确认清场完毕。

设备清洁按照"配液系统清洁"执行，清洁合格后及时填写正确的设备状态标识。

（6）生产结束

生产结束后及时填写相关生产记录及辅助记录。

3. 洗烘工序

（1）检查

确认生产环境符合生产要求：房间温度 18～26℃，湿度 45%～65%；设备启动后洗瓶间与灌装间不低于 10Pa 的压差；洗瓶间与 C 级走廊应保持相对负压。

上瓶视频

（2）上瓶

领瓶：车间领料员领取西林瓶后，将其转运至车间物料处，洗烘瓶岗位操作人员在物料处与车间领料员交接，待确认西林瓶信息（至少应包括规格、批号、数量等信息）后，签收交接记录，登记物料台账，转移至物料上瓶间。

开启进瓶网带，机器人撕开内膜并转移内膜至回收站，然后将撕开内膜的西林瓶整齐地码放在进瓶网带上传送至洗瓶机进行清洗。上瓶结束，计算上瓶收率和平衡率。

西林瓶清洗与灭菌视频

（3）西林瓶清洗与灭菌

检查生产环境（温湿度、压差等），是否有 QA 签字的清场合格证副本，确认清场合格证在有效期内。

按照"洗瓶机/隧道烘箱操作与清洁规程"开启设备。调取洗、烘瓶生产配方，确认注射用水、循环水等生产配方参数符合生产要求。在洗瓶机内注满注射用水，进行超声波振荡清洗，再经循环水对瓶内外壁冲洗、注射用水对瓶内冲洗，用压缩空气吹尽余水后进入隧道烘箱，然后对西林瓶进行干燥、去热原处理，最后经冷却段冷却后进入灌装岗位。

洗瓶机界面视频

（4）洗瓶质量控制

洗瓶过程中每 1h 抽取一定量的西林瓶，如 10 支西林瓶，检查其可见异物；每 1h 记录 1 次隧道烘箱灭菌段温度和洗瓶机工作中送水温度以及水、气表压力。西林瓶取样可以通过操作界面上取样按钮实现。

烘箱界面视频

（5）西林瓶清洗与灭菌全过程要求

生产过程中随时观察循环水压力、注射用水压力、压缩空气压力、循环水温度、隧道烘箱各段温度及压差，如至少每 60min 人工记录 1 次。

西林瓶灭菌后在 A 级层流保护下存放时间不超过经验证的时限，如 8h，超过 8h 作报废处理。

生产完成后温度降到 100℃以下时，将隧道烘箱的可调节挡板下降到最低点，风机频率调整为非生产模式运行。将热风循环烘箱打印的温度曲线图取下附于该岗位生产记录后。西林瓶在灭菌温度下停留时间不得超过经验证的时限，如 4h。

（6）清洁和清场

生产完毕，按照"清场标准操作规程"对房间进行清场，经 QA 检查合格并发放清场合格证后，方可确认清场完毕。

洗瓶机和隧道烘箱清洁应按照其设备的"操作与清洁标准操作规程"执行，清洁合格后及时填写正确的设备状态标识。

生产用器具按照"生产用工器具清洁标准操作规程"执行。

（7）计算

生产结束后及时填写相关生产记录及辅助记录，统计物料平衡率和收率。

4．胶塞清洗灭菌

凭批生产指令复核胶塞名称、规格、批号、数量，复核后进行投料生产，并检查生产环境是否有 QA 签字的清场合格证副本，清场合格且在有效期内。

胶塞清洗操作：将胶塞在脱包间进行脱包、消毒，再通过气闸自净后转入内包材暂存间。然后将胶塞装入胶塞清洗灭菌机的清洗筒内，设定清洗参数，如自洗 2min，淋洗 5min，清洗 10min，精洗 5min。

取样：精洗结束后，取胶塞终洗水检查其可见异物、不溶性微粒、细菌内毒素应合格。

清洗结束，系统进入灭菌程序，根据需要选择灭菌参数，如灭菌温度 121℃，灭菌时间 30min，干燥时间 15min，干燥 3 次。灭菌结束后，程序进入自动降温阶段，待温度降低至如 50℃以下后，在 A 级层流保护下将胶塞装入双层灭菌呼吸袋中，并通过封口机封口。

注意事项：胶塞清洗灭菌后存放时间不得超过经验证的时限，如 24h。

5．灌装工序

（1）检查

在冻干车间 B 级灌装间进行灌装操作。确认生产环境（温湿度、压差、清场情况等）符

合工艺要求；确认有 QA 签字的清场合格证副本，清场合格且在有效期内。

按无菌操作要求组装灌装部件，同时将胶塞脱去第一层呼吸袋放入灌装机胶塞暂存平台上，然后通过手套箱将胶塞加入振荡料斗内。

调节装量使其控制在标准装量的 95%～105%（标准装量=标示量/中间产品含量×相对密度）。

试运行正常后进行灌装操作，操作人员在屏障系统的 A 级层流保护下进行灌装半压塞后产品的转移。

（2）灌装系统的组装

在 A 级层流下打开灌装系统转移装置，取出针头、灌注器、硅胶管道等灌装系统组件（已部分组装）。按照先装灌注器，再将针头装入灌注位，最后将整个灌装系统与无菌药液储罐连接的顺序进行灌装系统的组装。

灌装系统吸药。打开分液器吸药硅胶管，放低药液的分液器，使药液自然进入分液器约 2/3 时，关闭分液器，手动挤压灌注器，使药液充满整个灌注系统，对好灌注针头、氮气针头位置。

组装灌装泵视频

准备就绪，调取灌装生产配方（生产配方应当符合工艺要求）。正式灌装后的产品，通过自动进出料传送装置，自动传入冻干机。

（3）灌装过程操作要求

操作中，工作人员不能随意离开设备，应经常注意机器运行情况和中间产品质量情况，发现异常情况应停机检查，出现一般性故障，应使用手套箱进行处理。严禁在设备运行过程中打开手套箱。

为了保持灌装过程中的环境洁净状态，灌装操作中应定期（如 30min）用消毒剂（如 75% 的乙醇）对手进行消毒。

进入灌装间直接接触药液的器具、物品，需要耐受高温且尺寸适合，经灭菌柜（脉动真空灭菌柜）灭菌处理（如验证后参数是 121℃，30min）后方能进入。

所有工用具、容器灭菌后放置时间不超过一定时限，如 8h。

定期（如每 1h）检查一次灌装的装量、颜色、可见异物、外观。

整批药液从配制结束到灌装结束不超过工艺时限，如 8h。

（4）清洁、清场

药液灌装系统及工器具清洁：按"生产容器具清洁规程"执行，设备按"灌装机清洁规程"执行，房间按"洁净区清洁消毒规程"执行。

生产结束后及时填写相关生产记录及辅助记录，及时更换相应的状态标识，统计物料平衡率和收率。

真空冷冻干燥机
介绍视频

6. 冷冻和干燥

（1）检查

在冻干车间的冻干控制操作间进行电脑控制药品冻干操作：操作人员检查确认相关阀门开关正常，压缩空气压力≥0.6MPa，循环水压力≥0.1MPa；打开工业蒸汽阀门，排净冷凝水，压力达 0.3～0.5MPa；打开纯化水进水阀，压力达 0.2～0.4MPa；打开总电源开关，控制电源开关。

进料操作：在灌装间进行产品的进料操作。进料通过自动进出料系统保护，转移药品至冻干箱内。

（2）冷冻干燥

通过电脑 PC 端操作自动关闭冻干机箱门，调取产品冻干配方，下载配方，输入批号，运行冻干程序。

压塞：开液压泵，按下降按钮进行压塞，全部压紧后保持一定时间，如 2min，通入无菌空气，按上升按钮升起板层。

压塞结束，待冻干箱内、外压力均衡后，将制品出料，然后对冷凝器化霜处理。

出料操作：在灌装间进行产品的出料操作。确认生产环境符合工艺要求，检查是否有 QA 签字的清场合格证副本，确认清场合格证在有效期内。在 A 级层流保护下将出箱的产品通过自动进出料系统输送至轧盖工序。

冻干机界面视频

出料结束后按照冻干机操作、清洁和维护保养规程进行清洁和灭菌。

7. 轧盖工序

在轧盖间进行轧盖操作，确认生产环境、清场符合要求。将经灭菌后的铝盖转移至轧盖机的进料料斗，通过人机界面（HMI）下载产品轧盖配方，按照"轧盖机操作和清洁规程"运行设备，完成自动轧盖。

轧盖机介绍视频　　轧盖机界面视频

8. 灯检工序

在外包装间进行灯检。

产品灯检前应进行清场确认并有上批清场合格证副本，核对当天检查产品的名称、规格、批号、盒数。通过 HMI 下载灯检配方，根据"灯检机操作和清洁规程"运行设备，完成自动灯检。

灯检机介绍视频　　灯检机界面视频

（1）质量控制

对 QA 抽查灯检后的产品，每人每批随机抽取一定量，如 100 支，做可见异物检查，不得有金属屑、玻璃屑、长度或最大粒径超过 2mm 的纤维和块状物等明显外来的可见异物及烟雾状微粒柱，其他可见异物检查应≤2%。如超过标准则全部返工，返工后再按此方法和标准进行抽检和判断，如抽检不合格应查明原因，抽检合格，再按批随机抽取 20 支，如检出其他可见异物仅有 1 支，应另取 20 支同法复试，均不得检出。外观封口应平整圆滑，无黑点、丝口等。

产品经 QA 质检员抽查合格后，转入待包装室。

（2）产品取样

本批产品灯检结束，由灯检岗位当班负责人开具请验单，通知 QA 质检员对岗位灯检合格品取样 50 支送 QC 按照"注射用泮托拉唑钠成品质量标准"项下要求进行成品质量检查。

（3）清洁、清场

按"清场标准操作规程"执行清洁操作。

9. 包装工序

根据包装指令，凭领料单复核生产所需的外包装材料，核对相关信息。

（1）纸箱印字

使用印章在纸箱的规定位置打印批号、生产日期、有效期至，印好的首个纸箱应由 QA 和岗位负责人复核印字内容是否正确且清晰可辨。

（2）贴签

按照"标签机操作规程"操作。将标签装入标签机，调整高度，开始贴签。将每台标签机第一张标签经 QA 核对签名，贴于批包装记录正面。

贴签过程中随时检查贴签质量，标签是否平整，印字内容是否正确、清晰。如有倒瓶，将倒瓶扶正，使之进入贴签进料输送带上进行贴签。

贴签质量要求如斜度<2mm，距瓶底应在 3~5mm 之间。合格的贴签产品需要再次挑选后放到传送带上进入下一道工序，贴签不合格品被挑出后放入贴签不合格品容器中，待整批产品贴签完成后，清点贴签不合格品数量，将不合格标签清除后重新贴签进入下一工序。

（3）小盒打印

按批包装指令在小盒上打印产品批号、生产日期和有效期至，并且第一个纸盒经班组长、QA 质检员核对签名后才能开始装盒操作。第一个签名的小盒附于批包装记录中。

（4）装箱

按照规定的排列方式将小盒装入已印字的纸箱内，每箱放入一张合格证。装箱时应检查纸箱印字是否清晰、工整、正确。

按品种要求进行合箱操作，按照电子监管操作要求进行赋码。

（5）包装废弃物处理

报废的标签、说明书、小盒应定点放置于红色塑料小框内，生产结束后统计数量，在 QA 监督下销毁，并在批包装记录上做好销毁记录。

包装线介绍视频

每批生产结束后，在 QA 监督下按照"车间废弃物处理要求"对挑选出的不合格品进行处理。

10．成品寄库、入库

每批产品包装完成后办理寄库手续，待成品检验合格后凭《成品检验报告书》和"成品放行单"办理入库手续。贮藏条件要求遮光，密闭，在阴凉处保存。

四、注意事项

1．配液

① 在灭菌前，先将纯蒸汽主管道里面的冷凝水排出，避免在刚开始运行时对管道的冲击太大。

② 在 CIP 流程中时，所有的药液管道上面的滤芯都离线清洗。

③ 搅拌电机在运行时，需要确保罐体内部有一定量的水在里面，保护电机。

④ 送液时，每个滤芯都要排气，把滤筒里面的气体排出，可使药液过滤的效率更高。

⑤ 启动自动功能时，必须将系统（阀门、搅拌、泵）调整到自动状态，否则，功能无法执行。

⑥ 配制药液时，尤其是定容时，严禁触碰罐体。

⑦ 从配液开始到除菌过滤，时间应控制在工艺要求时限内。

⑧ 对于阀门的开关顺序，一定要形成习惯，否则可能会发生安全问题；比如，在冷却

水进夹套的时候，一定要先打开回水，防止冷却水的压力冲击过大，导致安全阀爆裂，或者损害夹套。

⑨ 要形成对各种传感器的敏感意识，比如罐内形成负压时，要及时打开呼吸器；夹套内憋压时，要及时打开夹套的阀门。无论是在生产过程中，还是在手动操作的过程中，都要时刻观察各个传感器的情况。

2. 洗瓶机

① 操作人员应该熟悉洗瓶机的使用方法和操作流程，遵循操作手册上的指导。

② 在操作之前，要检查洗瓶机的各个部件是否完好，确保设备正常运转。

③ 使用洗瓶机时，要戴好相应的防护装备，如手套、护目镜等，确保安全。

④ 注意洗瓶机的电源接入和排水管连接，确保电源接地良好，排水通畅。

⑤ 在操作过程中，不得随意触碰运转中的机器部件，以免发生意外。

⑥ 注意洗瓶机的清洗和消毒，保持设备的卫生和清洁。

⑦ 操作人员应该严格按照操作规程进行操作，不得私自更改设备参数。

⑧ 操作结束后，及时关闭电源并清理洗瓶机，做好设备的保养工作。

⑨ 如遇到设备故障或异常情况，应立即停机并通知维修人员进行处理。

⑩ 上瓶操作结束后，及时放下上瓶间至洗瓶间的挡板。

⑪ 清洗后的西林瓶按规定进行可见异物的检查。

3. 隧道烘箱

① 操作人员应该随时监控烘箱的运行状态，确保设备正常运转，如发现异常应及时停机检修。

② 操作结束后，要及时关闭烘箱电源并清理烘箱内部，保持设备的清洁卫生。

③ 禁止将易燃、易爆物品放入烘箱内，以免发生火灾或爆炸事故。

④ 长时间使用烘箱时，要定期检查烘箱的各个部件是否正常，确保设备安全可靠。

⑤ 如有任何操作问题或设备故障，应及时通知相关维修人员进行处理，切勿私自拆卸或维修。

⑥ 隧道烘箱相对房间正压，且高温段相对房间压差大于预热段、冷却段相对房间压差。

⑦ 灭菌后的西林瓶在 A 级层流下保存时限应及时关注。

4. 灌装加塞机

① 操作人员需持证上岗，并定期培训。

② 灌装前确认设备处于计量和验证有效期内，设备处于清洁有效期内。

③ 严格按照"设备标准操作规程"操作，不得违规操作。

④ 使用后需如实填写设备使用记录。

⑤ 定期对设备进行维护保养。

⑥ 调试阶段产品按不合格品计数处理。

⑦ 除菌过滤开始到灌装完成时限不得超过工艺要求。

⑧ 每批生产结束后，将灌装机振荡斗内剩余的胶塞收集后按不合格品计数处理。

5. 冻干机

① 操作前需检查设备运行所需的公用介质均符合要求。

② 严格按照"设备标准操作规程"操作，不得违规操作。

③ 使用后需如实填写设备使用记录。

④ 定期对设备进行维护保养。

⑤ 在产品冻结、升华（干燥）过程中，定时（如每 30min）观察并记录制品成型、升华情况，记录仪表、冷却水水温、水压及机械设备运转是否正常。

⑥ 产品进料时，若因产品少而放不满板层时，至少应保证板层中间和四个角落处有一盘瓶子。

⑦ 将出料时掉落的产品收集计数后，按不合格品处理。

6. 轧盖机

① 操作人员需持证上岗，并定期培训。

② 注意人员安全，防止受伤。

③ 使用后需如实填写设备使用记录。

④ 定期对设备进行维护保养。

⑤ 每批生产结束后，将轧盖机振荡斗内剩余的铝盖收集计数后做不合格品处理。

7. 灯检机

① 操作人员需持证上岗，并定期培训。

② 注意人员安全，防止受伤。

③ 使用后需如实填写设备使用记录。

④ 定期对设备进行维护保养。

⑤ 注意保持空间温湿度在合理范围。

8. 包装

① 对生产区和设备进行检查，在包装操作开始前，确认包装生产线的清场已经完成，对不合格品的处理等要特别注意。

② 在每批生产结束后，应统计不合格药品、纸盒、说明书，并计算物料平衡。将其转移至不合格品间，按批在 QA 的监督下销毁处理。

课后练习

1. 判断题

（1）灌装机的剔废可以将未加塞的西林瓶剔除。　　　　　　　　　　（　　）

（2）灌装过程中异常，可以打开屏障系统门进行处理。　　　　　　　（　　）

（3）隧道烘箱内的西林瓶在高温下可以长时间停留，保证足够的灭菌效果。（　　）

（4）洗瓶的工艺参数，生产时可以根据实际情况随时进行调整。　　　（　　）

（5）板层进料时，如果产品不足以放满板层时，为了保证压塞效果，至少应保证板层中间和四个角落处有一盘瓶子。　　　　　　　　　　　　　　　　　　（　　）

2. 单选题

（1）下述轧盖机系统操作内容描述错误的是（　　　）。

　　A. 日常生产过程中，为了方便可以将个人的操作账号和密码告诉其他人代为操作

　　B. 员工离职后，其轧盖机操作系统的账号和密码不可以分配给其他人使用

C. 操作人员不具备新增或删除用户的权限

D. 操作人员可以通过批号查询方法，导出批报表

（2）下列关于规格件的维护说法正确的是（　　）。

A. 不同规格的规格件，只要规格差不多，可以临时应急混淆使用

B. 护栏类规格件可以在不停机状态下维护

C. 使用前不需要检查规格件有无缺损、划伤、变形等现象

D. 规格件要存放在专属区域，如模具室。应由模具保管员专人专柜保管，并登记后分类存放

（3）洗瓶机的滤芯需要做完整性测试的有（　　）

A. 0.22μm 药液除菌过滤器　　　　　B. 3μm 的初级过滤器

C. 10μm 的循环水过滤器　　　　　　D. 0.45μm 的压缩空气过滤器

（4）对药液配制系统除菌过滤器描述正确的是（　　）。

A. 使用前完整性测试通过　　　　　　B. 使用后完整性测试通过

C. 使用前后完整性测试均通过　　　　D. 使用后完成灭菌

（5）灭菌后的西林瓶在 A 级层流下保存时限描述正确的是（　　）。

A. 不超过 4h　　　　　　　　　　　B. 不超过 8h

C. 不超过验证时限　　　　　　　　　D. 没有要求

参考文献

[1] 国家食品药品监督管理局. 药品生产质量管理规范（2010 年修订）[S]. 2010.

[2] 国家药典委员会. 中华人民共和国药典　2020 年版（二部）[S]. 北京：中国医药科技出版社，2020.

课后练习参考答案

课后练习参考答案可扫码获取。

课后练习参考答案